服装实用技术·应用提高

高级女装制板技术
基础篇

吴　健　吴志翔　著

U0242278

中国纺织出版社

内 容 提 要

本书采用立体裁剪与平面制板相结合的方式，系统描述高级女装"基本型"的制板方法及具体操作过程。内容包括确立"裙基本型"，并由此拓延出H型、V型、小摆A、中摆A、大摆A、A型一片裙、X型七种基本造型裙，分解了其立裁步骤、结构原理以及11种造型裙的平面制板步骤：确立"裤基本型"，由此拓延出臀上部塑型和臀上下部塑型两种基本造型裤及其平面制板的步骤；确立"衣身基本型"，X型、H型、A型三种及其平面制板的步骤；确立"袖基本型"以及袖窿与袖山弧线的结构原理；确立"领基本型"，开门领、关门领、连身领三种及其基本板型形成的立裁步骤和结构原理。

本书详细讲解了服装造型与款式设计、结构设计与制板的重要基础理论，其基本型涵盖了女装的全部基本造型、基本板型。本书是服装专业师生、时装企业打板师必备的服装技术书。

图书在版编目（CIP）数据

高级女装制板技术. 基础篇／吴健，吴志翔著. —北京：
中国纺织出版社，2014.12
（服装实用技术·应用提高）
ISBN 978-7-5180-1085-1

Ⅰ.①高…　Ⅱ.①吴…②吴…　Ⅲ.①女服—服装量裁
Ⅳ.①TS941.717

中国版本图书馆CIP数据核字（2014）第229137号

策划编辑：金　昊　责任编辑：杨　勇　责任校对：王花妮
责任设计：何　建　责任印制：储志伟

中国纺织出版社出版发行
地址：北京市朝阳区百子湾东里A407号楼　邮政编码：100124
销售电话：010—67004422　传真：010—87155801
http://www.c-textilep.com
E-mail: faxing@c-textilep.com
中国纺织出版社天猫旗舰店
官方微博 http://weibo.com/2119887771
三河市宏盛印务有限公司印刷　各地新华书店经销
2014年12月第1版第1次印刷
开本：889×1194　1/16　印张：13.25
字数：212千字　定价：39.80元

凡购本书，如有缺页、倒页、脱页，由本社图书营销中心调换

前言

  笔者从事女装制板工作、技术研究和培训教学近30年，精通女装结构设计、制板和缝制工艺设计，以及服装工业化生产流程和个体单量单裁高级定制的工艺流程及技术管理，有丰富的实践经验和有效的教学手段，教学重在"应该怎样做、为什么要这样做"，能在较短时间内，行之有效地运用服装基本造型及基本板型形成的结构原理，通过剖析各种不同服装款式的造型与结构设计、板型与缝制工艺的处理，帮助学生建立立体的思维模式，快速掌握服装制板技术。同时，善于运用设计灵感与服装基本造型相结合，快速启发学生服装设计的创新能力。

  通过长期的培训教学工作，我们越来越意识到：服装制板技术培训以师傅带徒弟传授经验、学生采用模仿学习的授课方式，只能帮助学生掌握一定范围之内的技术，但不能保证将每个学生培训到位，只有将长期从事制板工作中积累的实践经验上升到基础理论，研究一套真正符合服装基本结构原理的制板技术教学，才能达到很好的培训成效。为此，从2004~2011年，经过七年边研究、边运用、边完善、边教学验证，总结出真正符合服装基本结构原理的"吴健基本型"女装制板技术，现在拟将以系列教材的形式呈现给大家。

  本系列教材分为基础篇和应用篇两大部分（共四册）。基础篇一册，是针对女性体型特征，采用立体裁剪的方法，详细叙述了裙装、裤装、上衣的基本造型及基本板型形成的步骤及结构原理，涵盖了女式裙装、裤装、上衣的全部基本造型及基本板型，通过立体裁剪到平面制板、再从平面制板还原到立体裁剪成为衣型的操作，帮助读者理解服装与人体之间的关联，建立正确、立体的思维模式，快速掌握服装造型与结构设计、服装制板的基础技术。结合服装企业的营销与生产技术的管理，详细讲解国家标准服装号型的应用，帮助服装设计和制板技术人员熟悉和正确使用国家标准服装号型。应用篇共三册（即将出版），分为裙装、裤装、上衣三个部分，书名分别是：《高级女装制板技术·裙装应用篇》、《高级女装制板技术·裤装应用篇》、《高级女装制板技术·上衣应用篇》。应用篇采用立体裁剪和平面制板两种不同的方法，将详细讲解如何运用基础篇中裙装、裤装、上衣的基本造型及结构原理，结合设计灵感进行服装造型与结构（款式）设计的应用；针对不同体型特征，根据服装款式的造型，依据相对应的基本板型及结构原理，进行服装板型处理的应用，以及在基础板上完成服装缝制工艺设计的应用。以后还要加上一册《高级女装制板推板技术》，讲解裙装、裤装、上衣的放码推板，以及各部位档差计算的方法。

  使用这一系列教材来呈现服装技术，其优势在于：设计师能直观运用裙装、裤装、上衣基本造型的不同效果作为载体，准确体现自己的设计灵感，依据结构原理完成结构设计，达到创新设计服装款式的目的。样板师则根据设计师不同款式的服装造型，采用相对应的基本板型，针对不同的体型特征，用人体部位测量数据、依据结构原理制板，制板速度不仅快、准确，而且能一板到位。设计师和样板师可以依据基本造型及结构原理进行通畅的沟通，在各自的工作范围内充分发挥想象力完成合作，使服装产品达到高品质的最佳视觉和功能效果。

本系列教材采用全新的思维理念，强调服装设计和制板技术符合自然形成的服装基本结构原理，将复杂、制约创新思维的计算公式简单化，易懂易学，特别适合服装设计、服装工程专业的学生学习掌握；适合从事服装设计、制板等相关技术人员提高技能水平学习掌握；适合有兴趣从事服装设计和制板、服装专业知识是零基础的人员学习掌握。

本系列教材具有民族独创的思维体系，拥有完全自主知识产权，与欧美设计女装高级技术同步，既适用于针对服装企业时装、职业装、休闲装、晚装等不同款式服装产品的开发，也适用于针对不同个体体型单量单裁的高级定制，还适用于针对欧洲、美洲、亚洲、非洲等不同人种体型特征的板型处理。

如果您有好的建议，殷切期望您的参与；如果您有教材范围内的疑问，可以与我交流沟通，我的联系方式：QQ：906670038，电子邮箱：906670038@qq.com，个人空间：http：//90670038.qzone.qq.com。

在此，感谢学生刘洁女士，是她教会我使用AI软件绘制结构图；感谢中国纺织出版社服装图书分社金昊女士，是她的慧眼和举荐，使这本教材顺利通过选题审批；感谢中国纺织出版社，为我出版发行推广这本教材。希望拙作是为中国的服装教育提供的一本好教材。

作　者
2014年5月于武汉

目 录

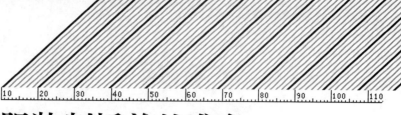

第一章 学习服装制板前的准备

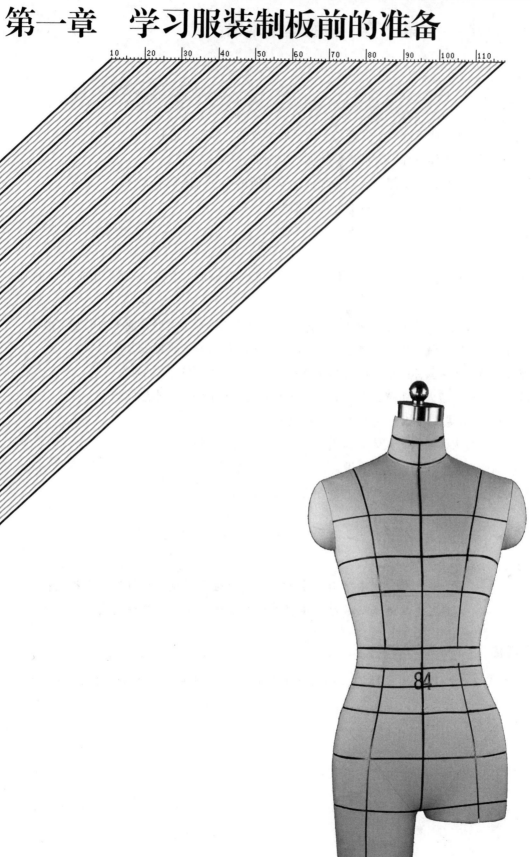

第一节 服装基本术语

一、服装基本术语

1. 基本型

（1）裙基本型：面料包装人体下部（不含裤裆）体型所形成的立体基本形状。

（2）裤基本型：面料包装人体下部（含裤裆）体型所形成的立体基本形状。

（3）衣身基本型：面料包装人体上部（不含领和袖）体型所形成的立体基本形状。

（4）领基本型：面料包装人体颈部所形成的立体基本形状。

（5）袖基本型：面料包装人体手臂所形成的立体基本形状。

2. 基本板型

（1）裙基本板型：面料包装人体下部（不含裤裆）体型，形成的立体基本型展开成平面的基本形状。

（2）裤基本板型：面料包装人体下部（含裤裆）体型，形成的立体基本型展开成平面的基本形状。

（3）衣身基本板型：面料包装人体上部体型，形成的立体基本型展开成平面的基本形状。

（4）领基本板型：面料包装人体颈部，形成的立体基本型展开成平面的基本形状。

（5）袖基本板型：面料包装人体手臂，形成的立体基本型展开成平面的基本形状。

3. 服装基本结构——在基本型上形成塑型省与结构线

（1）塑型省：面料包装人体时，与人体曲面相贴合时所产生的多余量。

- 省型线：省前面没有冠名的省线，如设置省型线、剪开省型线。

- 省线：省前面有冠名的省型线，如腋下胸省线、后肩省线。

（2）结构线：

- 塑型结构线：含塑型省量的结构线。

- 装饰结构线：不含塑型省量的结构线。

4. 服装造型设计——将上衣、裤、裙中不同的基本造型进行组合形成一种视觉效果的造型。

5. 服装结构设计——在服装基本结构的基础上设计新的塑型结构线或装饰结构线。

二、人台标示线名称

选择160/84/64Y人台作为标准人体模型，在人台上进行基本型和基本板型的操作，并最终确立下来。

1. 正面人台标示线相关名称（图1-1-1）

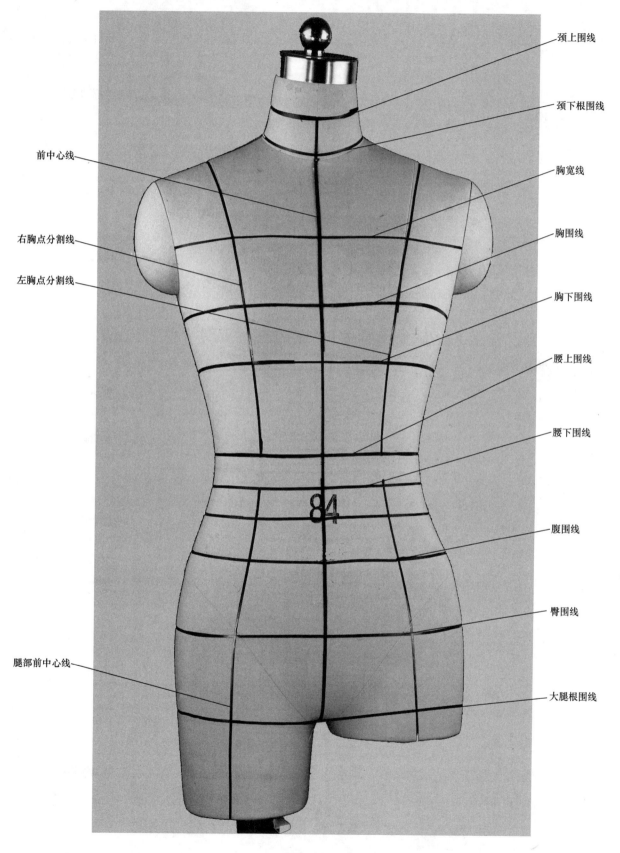

颈上围线

颈下根围线

前中心线

胸宽线

胸围线

右胸点分割线

左胸点分割线

胸下围线

腰上围线

腰下围线

腹围线

臀围线

腿部前中心线

大腿根围线

图1-1-1

2. 侧面人台标示线相关名称（图1-1-2）

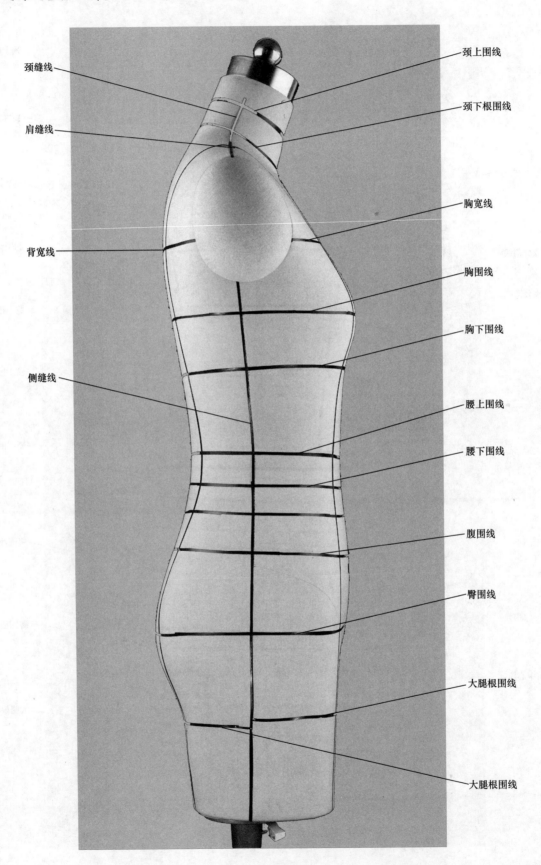

颈缝线

肩缝线

背宽线

侧缝线

颈上围线

颈下根围线

胸宽线

胸围线

胸下围线

腰上围线

腰下围线

腹围线

臀围线

大腿根围线

大腿根围线

图1-1-2

3. 背面人台标示线相关名称（图1-1-3）

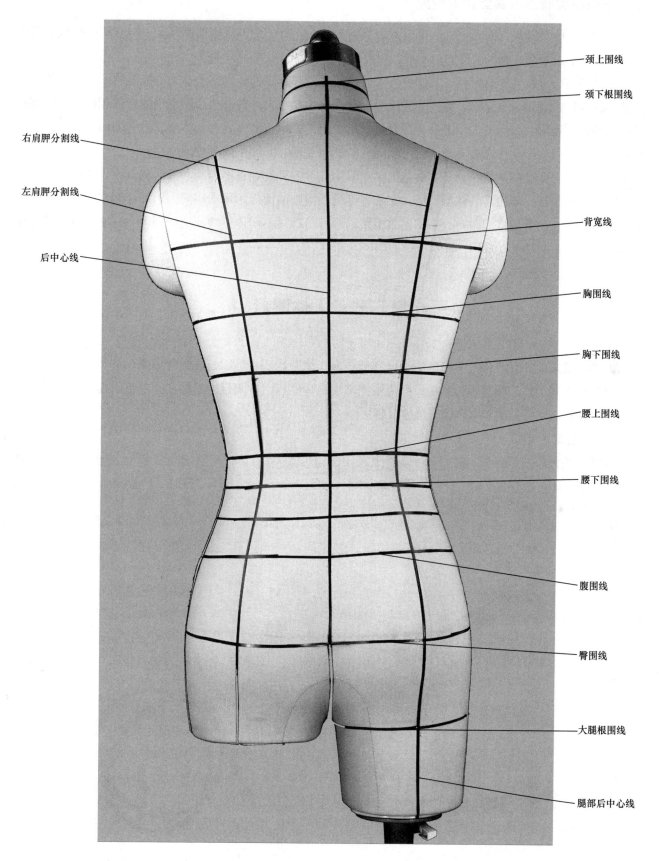

颈上围线

颈下根围线

右肩胛分割线

左肩胛分割线

背宽线

后中心线

胸围线

胸下围线

腰上围线

腰下围线

腹围线

臀围线

大腿根围线

腿部后中心线

图1-1-3

三、女性体型特点及其塑型省构成

女性体型的腰部呈近圆柱体，腰部以上由肩部、胸部、背部的不规则曲面以及手臂和臂窿构成上部体型，腰部以下由腹部、胯部、臀部的不规则曲面以及腿和裆部构成下部体型。

面料是用于包装人体的材料，其纬纱与人体胸部、背部、腹部、臀部最高处的围度线同为水平线，其经纱与纬纱构成直角与人体前、后中心线同为垂直线，面料与人体各部位凸凹不平的柱体相贴时，各部位的不规则形状致使面料产生大小不等的多余量，将多余量以掐省的方式为人体塑型，使面料与各部位柱体相吻合，产生的多余量称之为塑型省量。欧洲、美洲、亚洲、非洲不同人种的女性——少女、青年女性、中年女性、老年女性的体型共性是均由不规则曲面构成，差异性则是不规则曲面的高低大小不同，从而形成不同的体型特征。不相同的体型特征，在于各部位不规则曲面凸凹量不相同，因而塑型省量也会出现差异。由此可见，在处理板型时，只要依据服装结构原理，针对不同体型特征处理好服装塑型省量，就能做出合体的服装，并且可以做到一板到位。

第二节　人体测量

准确测量人体，获取各部位精确的数据和细心观察体型特征，是制板准确的重要环节和基本保证，无论针对各种不同的体型特征进行制板，只要依据基本结构原理，按测量的精确尺寸制板，在板上处理好服装细部塑型省，就能做出非常合体完美的服装板型。

1. 自制固定腰围水平线量体小工具

取圆形线包松紧带一根，松紧带一端缝上风扣挂钩（图1-2-1），间隔60cm开始缝上挂环，然后间隔2cm缝一个挂环（图1-2-2），缝若干个挂环即可（图1-2-3）。给人体测量时，将松紧带束在人体腰围上，固定腰围水平线，以保证测量人体各部位尺寸的精确性。

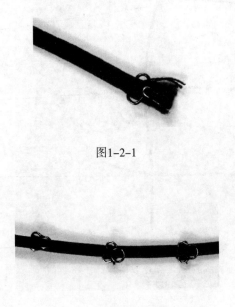

图1-2-1

图1-2-2

图1-2-3

2. 人体测量的部位及其方法（表1-2-1）

表1-2-1　　　　　　　　　　（采用值是以160/84/64Y人台为基准，单位：cm）

序号	部位	测量方法	采用值
①	身高	被测者立姿，赤足，用人体测高仪测量自头顶至地面的垂直距离	160
②	颈椎点高	被测者立姿，赤足，用人体测高仪测量自第七颈椎点至地面的垂直距离	136
③	坐姿颈椎点高	被测者坐正于凳面，用软尺测量第自七颈椎点至凳面的垂直距离	62.5
④	胸围	被测者立姿，正常呼吸，用软尺测量经肩胛骨、腋窝和胸高点的最大水平围长	83
⑤	胸下围	被测者立姿，正常呼吸，用软尺测量紧贴着胸部下边缘的水平围长	74
⑥	胸高	被测者立姿，用软尺测量自颈肩点至胸高点（B.P.）的长度	24
⑦	胸距	被测者立姿，用软尺测量两胸高点之间的水平距离	16
⑧	胸宽	被测者立姿，双臂自然下垂，用软尺测量左右手臂腋窝与前胸躯干连接处的水平弧长	32
⑨	背宽	被测者立姿，双臂自然下垂，用软尺测量左右手臂腋窝与后背躯干连接处的水平弧长	35
⑩	总肩宽	被测者立姿，手臂自然下垂，用软尺测量左右肩峰点之间的水平弧长	38
⑪	肩长	被测者立姿，手臂自然下垂，用软尺测量自颈肩点至肩峰点之间的直线距离	12.5
⑫	肩周长	被测者立姿，手臂自然下垂，用软尺测量臂膀最丰满处的水平围长	95
⑬	手臂长	被测者立姿，手臂自然下垂，用软尺测量自肩峰点至手腕关节的直线长度	50.5
⑭	上臂围	被测者立姿，手臂自然下垂，用软尺在腋窝下部测量上臂最粗处的水平围长	27.5
⑮	上臂前长	被测者立姿，手臂自然下垂，用软尺测量自肩峰点至前肘部的直线距离	27
⑯	上臂后长	被测者立姿，屈肘呈90°，用软尺测量自肩峰点至后肘弯的直线距离	32
⑰	肘围	被测者立姿，手臂自然下垂，用软尺测量肘部的水平围长	22
⑱	腕围	被测者立姿，用软尺测量腕骨部位的水平围长	16
⑲	掌围	被测者立姿，手掌伸展五指并拢，用软尺测量大拇指关节处最大的水平围长	21
⑳	袖窿周长	被测者立姿，手臂自然下垂，用软尺测量自肩峰点经腋窝至肩峰点的围长	36
㉑	颈上围	被测者立姿，用软尺测量颈中部的水平围长	31
㉒	颈根围	被测者立姿，用软尺测量经第七颈椎点、颈肩点及颈窝点的颈根部围长	33
㉓	腹上围	被测者立姿，腹部放松，用软尺测量胃部的水平围长	66
㉔	腰上围	被测者立姿，用软尺测量胯骨上端与肋骨下缘之间的自然腰际线的水平围长	64
㉕	前颈肩点腰长	被测者立姿，用软尺测量自前颈肩点经胸点至自然腰际线的长度	39.5
㉖	前肩峰腰长	被测者立姿，用软尺测量自肩峰点经臂膀与躯干相接处至自然腰际线的垂距长度	33.5
㉗	前颈窝腰长	被测者立姿，用软尺测量自前颈窝点（颈前点）至自然腰际线的曲线长度	32.8
㉘	后颈中背腰长	被测者立姿，用软尺测量自第七颈椎点（颈后点）至自然腰际线的曲线长度	36.5
㉙	后颈肩点背腰长	被测者立姿，用软尺测量自颈肩点经肩胛骨至自然腰际线的曲线长度	38.8
㉚	后肩峰背腰长	被测者立姿，用软尺测量自肩峰点经臂膀与躯干相接处至自然腰际线的垂距长度	33.5

续表

序号	部位	测量方法	采用值
㉛	腰围高	被测者立姿，赤足，用软尺测量自胯骨顶端点至地面的长度	98
㉜	腰下围	被测者立姿，用软尺测量胯骨顶端处的水平围长	64
㉝	腹下围	被测者立姿，腹部放松，用软尺测量小腹最高处的水平围长	79
㉞	臀上围高	被测者立姿，用软尺测量自腰上围线至臀部最高处的长度	18.5
㉟	臀下围高	被测者立姿，用软尺测量自腰下围线至臀部最高处的长度	15
㊱	臀围	被测者立姿，用软尺测量臀部最丰满处的水平围长	88
㊲	直裆（上裆）	被测者立姿，用软尺测量自肚脐眼至前裆底的垂距长度	24
㊳	臀高	被测者立姿，用软尺测量自腰下围线经臀部最高处至后大腿根部的曲线长度	26
㊴	大腿根围	被测者立姿，用软尺测量大腿根与臀部下边缘接合处的水平围长	50
㊵	落裆差	被测者立姿，用一根绳自大腿侧面经前裆底水平围住大腿前半部分、经臀下边缘至大腿侧面水平围住大腿后半部分，用软尺测量绳水平之间的垂距长度	1
㊶	横裆宽	被测者立姿，用直角尺垂直腹部与臀部最高点，测量裆底的直线宽度	18
㊷	裆弧长	被测者立姿，用软尺测量自前腰下围线经裆底至后腰下围线的弧线长度	61
㊸	膝高	被测者立姿，用软尺测量自胯骨顶端点至膝盖的长度	51
㊹	膝围	被测者立姿，用软尺测量膝部的水平围长	36
㊺	腿肚围	被测者立姿，用软尺测量小腿肚最粗处的水平围长	33
㊻	踝骨围	被测者立姿，用软尺测量踝骨最高处的水平围长	22
㊼	脚背围	被测者立姿，用软尺测量脚后跟至脚背的围长	30
㊽	头围	被测者立姿，用软尺测量两耳上方的头部最大的水平围长	54
㊾	前脸颊头围	被测者立姿，用软尺测量自颈窝点经左右脸颊、头顶至颈窝点的围长	36
㊿	后脑勺头围	被测者立姿，用软尺测量自脸颊一侧经后脑勺至脸颊另一侧的围长	34
(51)	后脑顶头围	被测者立姿，用软尺测量自额头上方经后脑勺至第七颈椎点的围长	35

注 本书选用的操作人台主要部位尺寸，与国家标准号型160/84/64Y体型规定的部位尺寸有差异，在实际操作中，必须选择主要部位尺寸符合国家标准号型规定的人台和试衣模特，准确测量试衣模特的体型尺寸，精确获取各部位的基本尺寸进行制板、生产。

3. 人体测量正面示意图（图1-2-4）

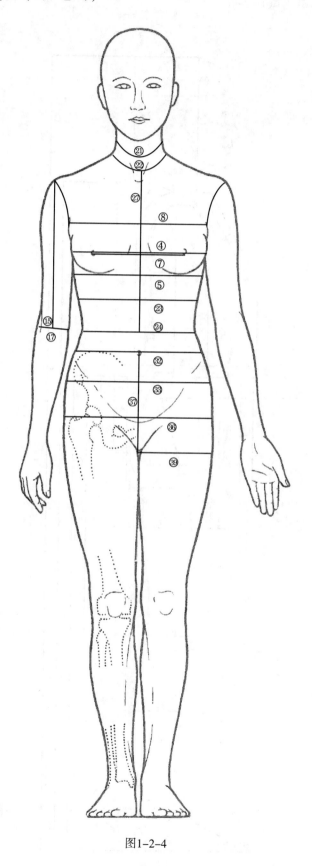

图1-2-4

4. 人体测量侧面示意图（图1-2-5）

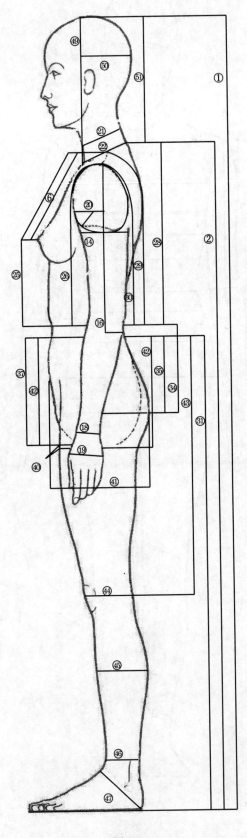

图1-2-5

5. 人体测量背面示意图（图1-2-6）

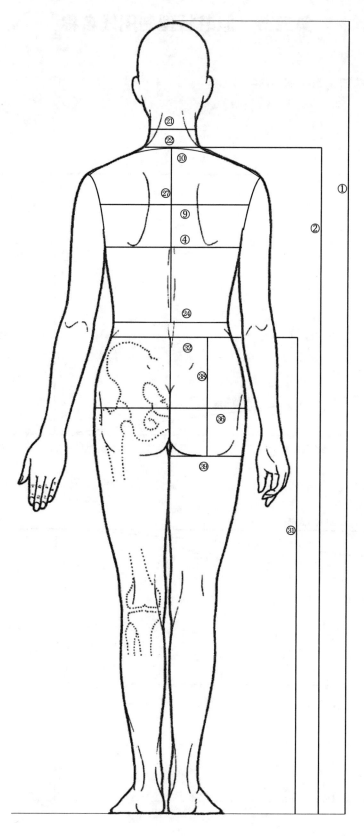

图1-2-6

第三节 服装板型制图线名称

1. 裙板制图线名称示意图（图1-3-1）

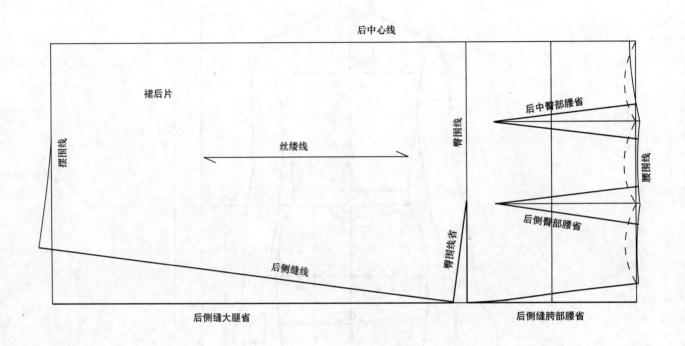

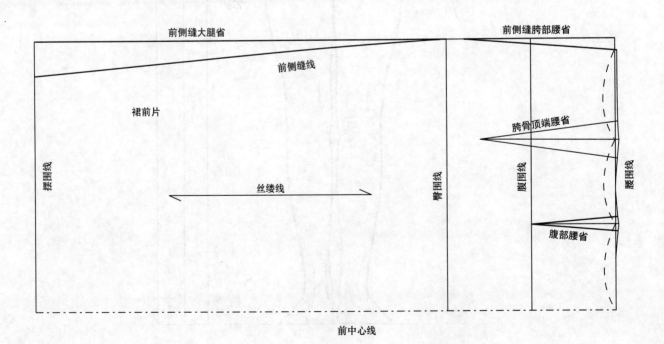

图1-3-1 裙板

2. 裤板制图线名称示意图（图1-3-2）

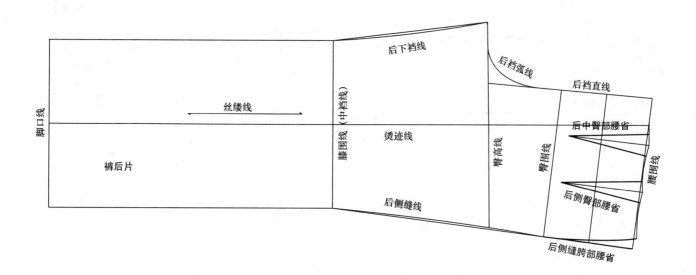

脚口线　丝缕线　膝围线（中裆线）　裤后片　烫迹线　后下裆线　后裆弧线　后裆直线　臀高线　臀围线　后中臀部腰省　腰围线　后侧臀部腰省　后侧缝线　后侧缝胯部腰省

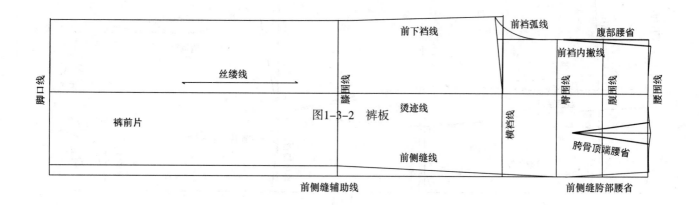

脚口线　丝缕线　膝围线　裤前片　图1-3-2 裤板　烫迹线　前下裆线　前裆弧线　横裆线　臀围线　腹围线　腰围线　前档内撇线　腹部腰省　胯骨顶端腰省　前侧缝线　前侧缝辅助线　前侧缝胯部腰省

3. 衣身板制图线名称示意图（图1-3-3）

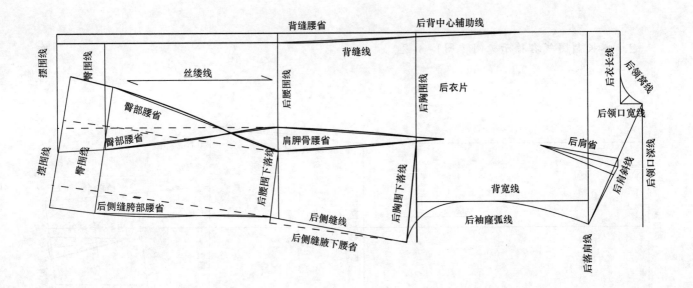

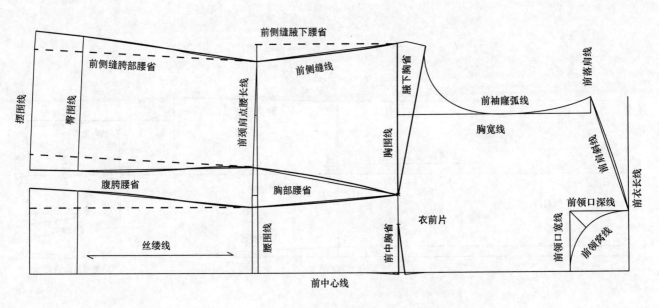

图1-3-3 衣身板

4. 袖板制图线名称示意图（图1-3-4）

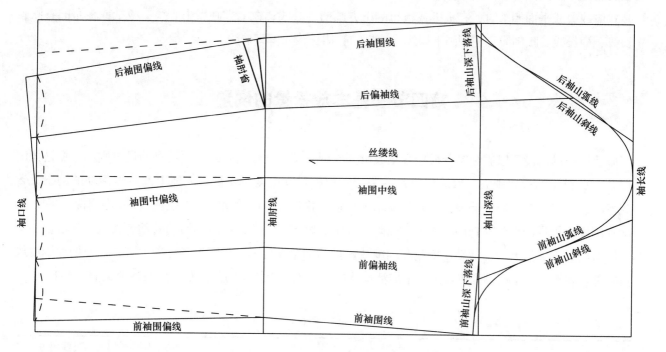

图1-3-4 袖板

5. 领板制图线名称示意图（图1-3-5）

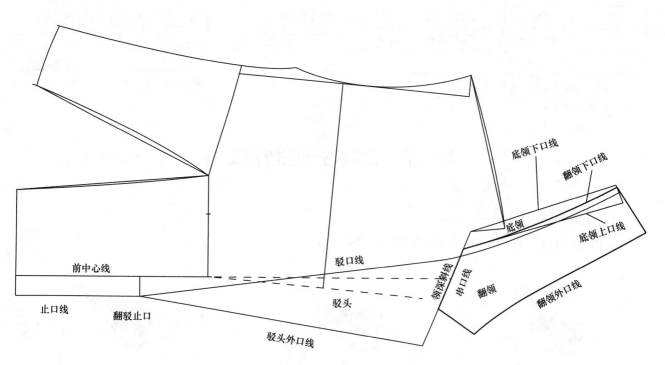

图1-3-5 领板

本书选用160cm幅宽全棉坯布用于立体裁剪和缝制板样，通称为板布；选用规格120cm×90cm卡片纸或牛皮纸用于制板，通称为板纸。

立体裁剪或平面制板时，在板纸或板布的下方画前中心线；在上方画后中心线；板纸或板布的右侧画衣长线、袖长线、腰围线；左侧画下摆线、袖口线、裙长线、裤脚口线。

第四节 基本放松量的设置

服装放松量的设置以服装穿着最佳视觉效果为原则。塑型合体的服装，放松量的设置则小，宽松休闲的服装，放松量的设置则大。服装放松量分为活动放松量和围度放松量，人体上部肢体活动的动态大致分为弯腰、手臂弯曲、向前伸展，上装需要增加活动放松量和围度放松量的部位在胸围、腰围和肘围，需要增加围度放松量的部位在臂围、腕围、袖窿、领围和臀围；人体下部肢体活动的动态大致分为迈步、下蹲、腿弯曲，下装需要增加活动放松量和围度放松量的部位在臀围、大腿根和膝盖关节，需要增加围度放松量的部位在腰围、下腹围和脚口围。增加活动放松量和围度放松量的部位和方法及数值见表1-4-1。

表1-4-1 单位：cm

部位	方法	活动放松量	围度放松量
胸围	皮尺围住胸部一周，手指捏住皮尺身体向前弯曲，皮尺随弯曲张力放松	4	2~4
腰围	皮尺围住腰部一周，手指捏住皮尺身体向前弯曲，皮尺随弯曲张力放松	3	1~3
肘围	皮尺围住肘部一周，手指捏住皮尺手臂向上弯曲，皮尺随弯曲张力放松	3	
臂围	胸围加放松量的1/2尺寸设置		3~4
腕围	大于手掌围度量		1~2
臀围	皮尺围住臀部一周，手指捏住皮尺身体向下蹲坐，皮尺随蹲坐张力放松	3~4	1~2
膝围	皮尺围住膝盖一周，手指捏住皮尺身体向下蹲坐，皮尺随膝盖弯曲张力放松	3	
脚口围	大于脚背围度量		1~2

注 活动放松量以净体和无弹力机织面料为参考基础进行设置；围度放松量视面料厚薄、着装视觉效果（宽松或合体）、服装单层或夹层为参考依据进行设置。

第五节 制板与缝制所需工具

1. **制板用剪刀**

有剪布用剪刀（图1-5-1）、剪纸用剪刀（图1-5-2）、立裁用剪刀（图1-5-3）。

图1-5-1

图1-5-2

图1-5-3

2. 制板用尺

有直尺（图1-5-4）、弧线尺（图1-5-5）、袖窿尺（图1-5-6）。

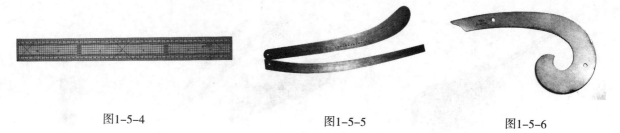

图1-5-4   图1-5-5   图1-5-6

3. 制板用笔

有铅笔（图1-5-7）、立裁用记号笔（图1-5-8）。

图1-5-7   图1-5-8

4. 制板用小工具

有计算器（图1-5-9）、裁纸刀（图1-5-10）、压线轮（图1-5-11）、胶带座（图1-5-12）、剪口钳（图1-5-13）、打孔器（图1-5-14）、立裁用珠针（图1-5-15）、卷尺（图1-1-16）。

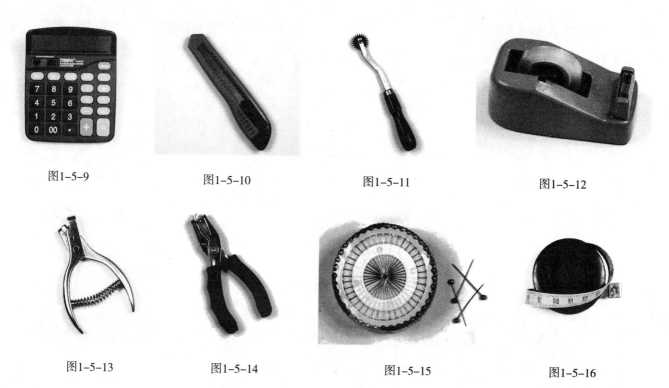

图1-5-9   图1-5-10   图1-5-11   图1-5-12

图1-5-13   图1-5-14   图1-5-15   图1-5-16

5. 缝制样板用的小工具

有锥子（图1-5-17）、手剪（图1-5-18）、拆线器（图1-5-19）。

图1-5-17   图1-5-18   图1-5-19

6. 制板用耗材

有橡皮（图1-5-20）、双面胶带（图1-5-21）、透明胶带（图1-5-12）、板纸、板布。

图1-5-20   图1-5-21

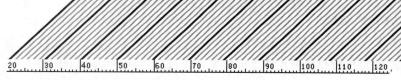

第二章　裙基本型

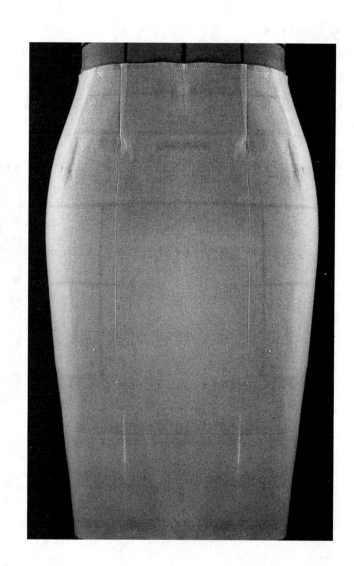

裙基本型是用板布包裹人体下部体型，经过立体裁剪形成的基本型，裙基本板型是裙基本型由立体造型展开成平面后所形成的基本形状，如人体的第二层皮肤，承载着裙基本板型形成的结构原理。在每种基本造型裙的基础上，依据结构原理，可以设计横向或纵向结构线，使之演变成塔裙、褶裙，或运用针织弹力面料、蕾丝面料、斜丝缕面料等特性所产生的不同效果，形成不同的款式变化，基本造型不变。以腰围线为基准形成的裙称为腰裙，裙与上衣进行组合，则可形成连衣裙、大衣、晚礼服等不同的服装类别，将七种基本造型裙的造型特点，结合到裤、上衣的基本造型中，则可演变成无穷无尽的款式变化。

本章采用立体裁剪或平面制板的方式，重点描述裙基本型形成的立裁步骤和结构原理。由裙基本型演变成H型裙、V型裙、小摆A型裙、中摆A型裙、大摆A型裙、A型一片裙、X型裙七种基本造型裙的立裁步骤和结构原理，以及七种基本造型裙和H型褶裙、A型褶裙、中摆A型裙裤、大摆A型裙裤基本板型的平面制板步骤。

第一节　裙基本型形成的立裁方法

一、裙基本型形成的立裁方法

下面通过详细的立裁步骤来演示"裙基本型"的形成过程。

1. 前片板布定位

①取一块长58cm、宽26cm全棉坯布，熨烫平整，平放在板台上，距板布下边2.5cm处，画一条纵向直线作为前中心线；垂直于前中心线画一条横向直线为腹部水平线，水平线距板布布边10cm。

②将（前片）板布放上人台，腹部水平线、前中心线分别与人台腹围线和前中心线相重合（图2-1-1），多余量放至人台侧面，用珠针固定（图2-1-2）。

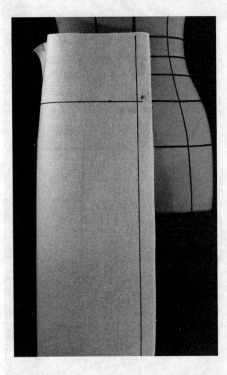

图2-1-1

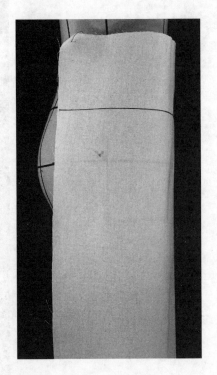

图2-1-2

2．前侧缝胯部腰省和前侧缝线的形成　板布与侧面腰部、胯部之间相贴合，不要出现多余量，用珠针固定，依据人台臀围线以上侧缝标示线，在板布上标明前侧缝线（图2-1-3）。

3．胯骨顶端腰省的形成　板布与腰部、胯部之间相贴合，余量距胯部最高处3cm左右，顺丝缕捏省，用珠针固定，在板布上标明省型线（图2-1-4）。

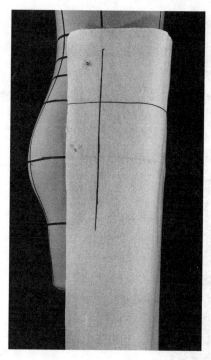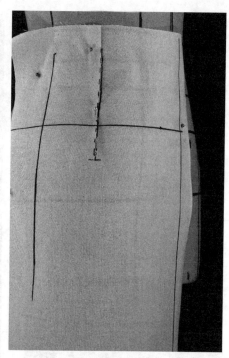

图2-1-3　　　　　　　　　　　图2-1-4

4．腹部腰省的形成　板布与腹部之间相贴合，在胯部与腹部之间有余量，顺丝缕捏省，用珠针固定，在板布上标明省型线（图2-1-5）。

5．前侧缝大腿省和前侧缝线的形成　板布与大腿侧面之间相贴合，用珠针固定，按人台臀围线以下侧缝标示线，在板布上标明前侧缝线（图2-1-6）。

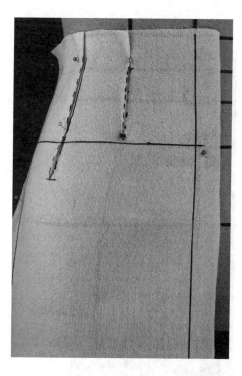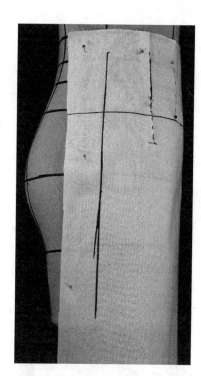

图2-1-5　　　　　　　　　　　图2-1-6

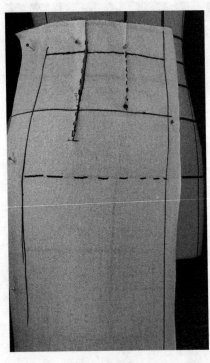

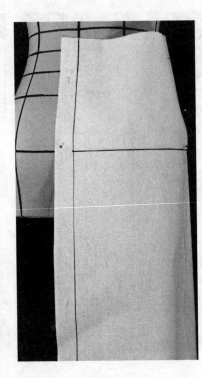

图2-1-7　　　　　　　　　　　　图2-1-8

6. **腰围线和臀围线**　按人台腰围标示线和臀围标示线，在板布上标明腰下围线和臀围线（图2-1-7）。

7. **后片板布定位**

①取一块长58cm、宽26cm全棉坯布，熨烫平整，平放在板台上，距板布下边2.5cm处，画一条纵向直线作为后中心线。垂直于后中心线画一条横向直线为臀部水平线，水平线距板布布边18cm。

②后片板布放于人台上，臀部水平线、后中心线分别与人台臀围线、后中心线相重合（图2-1-8），余量推放至侧缝处，用

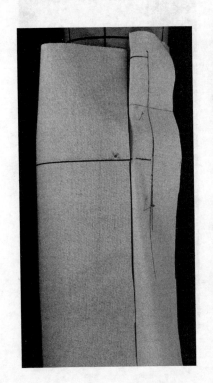
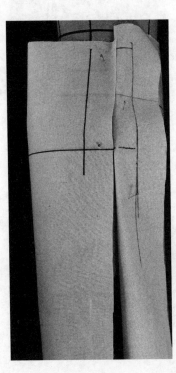

珠针固定（图2-1-9）。

8. **后侧缝胯部腰省和后侧缝线的形成**　板布与腰部侧面、胯部之间相贴合，无余量，用珠针固定，在板布上按人台臀围线以上侧缝标示线标明后侧缝线（图2-1-10）。

图2-1-9　　　　　　　　　　　　图2-1-10

9. **臀上部腰省的形成** 板布与后腰部、臀上部之间相贴合，多余量离臀部最高处3cm左右，顺丝缕分别掐两个省（图2-1-11），用珠针固定，在板布上标明省型线（图2-1-12），按人台腰围标示线和腹围标示线，在板布上标明腰围线和腹围线（图2-1-13）。

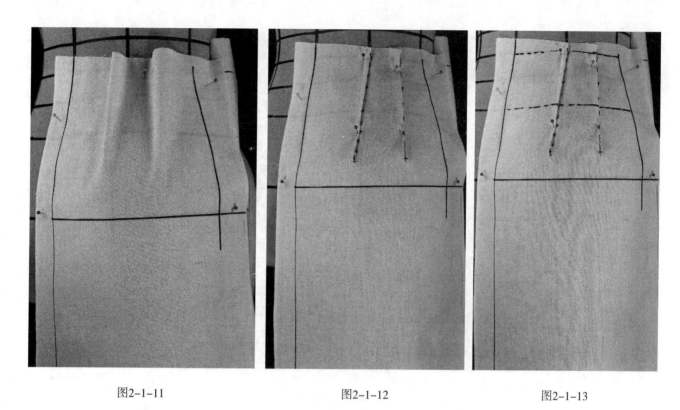

图2-1-11   图2-1-12   图2-1-13

10. **后片侧缝大腿省和后侧缝线的形成** 板布与大腿侧面之间相贴合，用珠针固定，按人台臀围线以下侧缝标示线，在板布上标明后侧缝线（图2-1-14）。

11. **臀下部省的形成** 板布与大腿根部、臀下部之间相贴合，多余量离臀下部最高处1.5cm左右，顺丝缕掐省，用珠针固定，在板布上标明省型线（图2-1-15），按人台大腿根围标示线，在板布上标明臀高线（图2-1-17）。

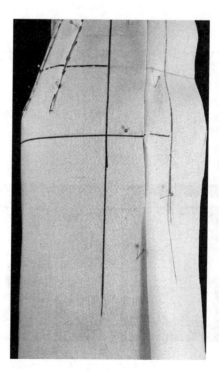
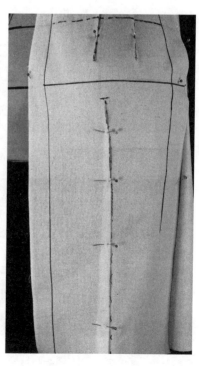

图2-1-14   图2-1-15

二、立体裁剪成型后的"裙基本型"

裙基本型前面（图2-1-16），裙基本型侧面（图2-1-17），裙基本型后面（图2-1-18）。

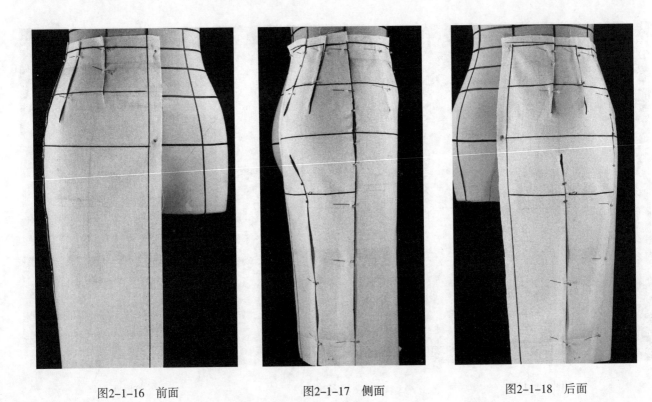

图2-1-16 前面　　　　　　　　　图2-1-17 侧面　　　　　　　　　图2-1-18 后面

第二节　裙基本型形成的结构原理

将板布从人台上取下熨平，放在板台上，用制板专用尺将前后侧缝线、省型线、腹围线、腰围线修顺（图2-2-1、图2-2-2）。

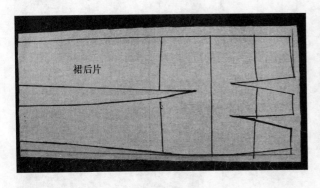

图2-2-1

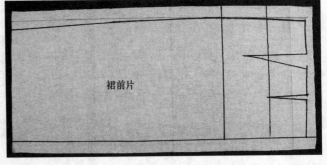

图2-2-2

塑型省的形成

板布与人台腹部、胯部、臀部曲面相贴合时产生的多余量，用掐省的方式为其塑型，以收缩臀围与腰围之差量使之平服，从而形成塑型省，塑型省由省道的位置、省量、省长、省型线组成。省道位置依腹部、胯部、臀部曲面的部位而定；省量依腹部、胯部、臀部曲面的大小而定；省长依腹部、胯部、臀部曲面与腰围的距离而定；省型线依腹部、胯部、臀部的形态特征而变化。曲面平缓时，省型线为直线；曲面凹陷时，省型线为外弧线；曲面凸突时，省型线为内弧线。省型线的起翘量，依腹部、胯部、臀部曲面省量的大小而定，不能以计算公式或定数设置，体型不相同，省型线的起翘量也不相同（图2-2-3）。

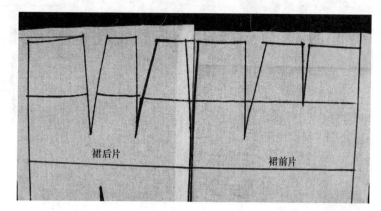

图2-2-3

1. **腹部腰省**　腹部处在人体腰下围线与臀围线之间的前中心位置（图2-2-4），在板布前中心没有结构线的状态下，板布与人台腹部曲面相贴合时，以前中心线为基点，左右方各形成一个省道，省量0.8cm，省长7.5cm，省型线为直线（图2-2-5）。

2. **胯部腰省**　胯部处在人体的侧面位置（图2-2-6），板布与人台胯部曲面相贴合时，形成两个省道，一个省道的位置处在人体正面到侧面的转折处，形成胯骨顶端腰省，省量2.8cm，省长12cm，省型线自腰下围线至省尖1/2处为直线、再从省尖1/2处至省尖逐步为内弧线。另一个省道的位置处在胯部侧缝线处，形成侧缝胯部腰省，由前后片共同组成；前片省量0.5cm，省长12cm，省型线自腰下围线至省尖1/2处为直线、再从省尖1/2处至省尖逐步为内弧线；后片省量1cm，省长13cm，省型线自腰下围线至省尖1/2处为直线、再从省尖1/2处至省尖逐步为内弧线（图2-2-7）。

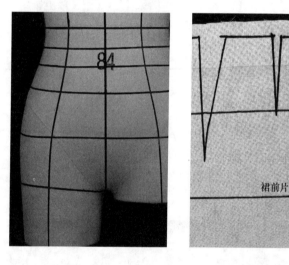

图2-2-4　　　　　　　图2-2-5

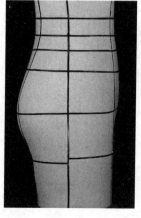

图2-2-6　　　　　　　图2-2-7

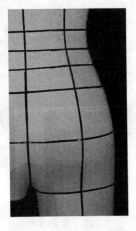

图2-2-8

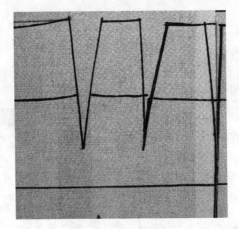

图2-2-9

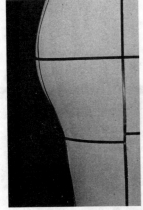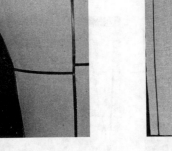

图2-2-10

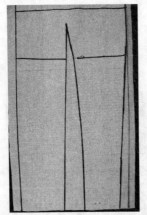

图2-2-11

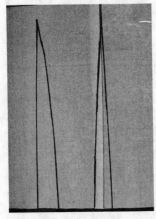

图2-2-12

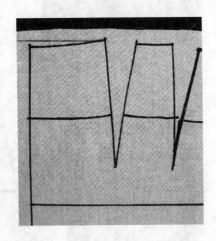

图2-2-13

3. **臀上部腰省**　臀部处在人体的后面，分为上半曲面和下半曲面（图2-2-8），板布与人台臀上半曲面相贴合时，形成两个省道；靠后中心线的臀上部腰省，称为后中臀部腰省，省量2.8cm，省长13cm；靠后侧缝的臀上部腰省，称为后侧臀部腰省，省量3.2cm，省长13.5cm，省型线自腰下围线至省尖1/2处为直线、再从省尖1/2处至省尖逐步为内弧线（图2-2-9）。

4. **臀下部省**　板布与人台臀下半部曲面（图3-2-10）相贴合时，形成臀下部省，省量4cm、省长38 cm、省型线从膝围线（中裆线）至大腿根围线处为直线、省量缩小至1.5cm，从大腿根围线至省尖逐步为内弧线（图2-2-11）。

5. **侧缝大腿省**　板布与人台臀围线以下的大腿相贴合时，形成侧缝大腿省，省量3cm、省长24 cm，省型线从膝围线至臀围线处为直线（图2-2-12）。

6. **腰围线与省型线的变化规律**　在立体状况下，腰围线与人体腰围保持自然水平状态，省道和纵向结构线与腰围水平线则需要保持垂直。从裙基本型展开成平面后可以看到：后中心腰围水平线以腰围辅助线为基点下落0.5cm，形成设置后腰围线的原理定值（图2-2-13），前中心腰围水平线与腰围辅助线重叠不变。五个省道随着省量的不同，起翘量也不相同，每条省型线与腰围线构成直角。侧缝胯部腰省的省量分配，前片占省量的1/3，后片占省量的2/3，其他四个省的省量按省中心线平分（图2-2-3）。

第三节　H型基本裙与基本板型

由裙基本型演变成H型基本裙的造型特点：臀围线至腰围线之间塑型合体，臀围线以下的裙身造型轮廓线为直线呈H型。

由裙基本型演变成H型基本裙的结构变化：展开臀下部省和侧缝大腿省，即可形成臀围线以下的裙身造型轮廓线呈直线的造型特点。

一、立体裁剪成型后的H型基本裙

H型基本裙前面（图2-3-1），H型基本裙侧面（图2-3-2），H基本裙后面（图2-3-3）。

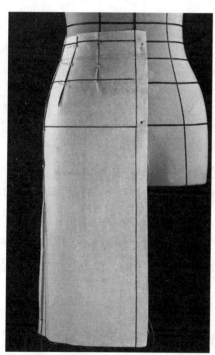
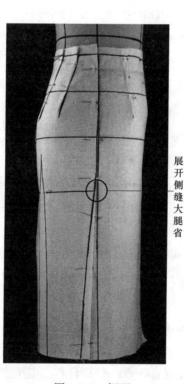
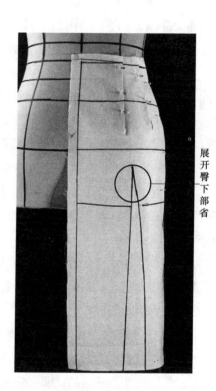

图2-3-1　前面　　　　　　　　图2-3-2　侧面　　　　　　　　图2-3-3　后面

H型基本裙基本板型160/64Y规格见表2-3-1。

表2-3-1

单位：cm

测量部位	裙长	腰围	腹围	臀下围高	臀围	摆围
尺寸	51	64+0.5=64.5	79+1=80	15	88+2=90	90

注　本书以160/84/64Y人台为操作原型，为达到衣、裤、裙基本造型穿着合体美观的效果，胸围、腰围、臀围等部位只加放适当的围度放松量，没加放活动松量，在实际运用中请参考本书第一章第四节设置放松量。

二、H型基本裙的平面制板步骤

依据H型基本裙的造型特点及结构变化，分步骤制板如下（提示：制板数据采用小数点后保留一位数，小数点后两位数四舍五入）。

1. **前中心线** 板纸下方向上距板纸边2~3cm处，画前中心线。
2. **腰围线** 板纸右方距板纸边2~3cm处，垂直于前中心线画腰围线。
3. **臀围线** 以腰围线为基线向左，取臀下围高数值15cm，垂直于前中心线画臀围线。
4. **腹围线** 取腰围线至臀围线之间1/2处，垂直于前中心线画腹围线。
5. **裙长线** 以腰围线为基线向左，取裙长数值51cm，垂直于前中心线画裙长线。
6. **后中心线** 以前中心线与臀围线交点为基点，沿臀围线向上，取臀围成品尺寸90cm÷2=45cm，垂直于臀围线，自裙长线至腰围线画后中心线。
7. **侧缝辅助线** 以前中心线与臀围线交点为基点，沿臀围线向上，取臀围成品尺寸90cm÷4+0.5cm=23cm，垂直于臀围线，自裙长线至腰围线画侧缝辅助线。
8. **设置腹部、胯部、臀上部腰省的塑型省量** 已知腹部有两个省，胯部共有四个省，臀部共有四个省，将臀围与腰围之差量分成10等份，即（90cm—64.5cm）÷10=2.55cm为平均省量，视腹部、胯部、臀部曲面的大小设置省量：人台腹部曲面较平，腹部腰省设分配省量1cm；胯部曲面较大，设分配省量5.8cm，其中胯骨顶端腰省设分配省量3cm，侧缝胯部腰省设分配省量2.8cm；臀部曲面较大，设分配省量6cm，其中后中臀部腰省设分配省量3cm，后侧臀部腰省设分配省量3cm；H型裙的臀下部省和侧缝大腿省不做处理。
9. **设置腿部、胯部、臀上部腰省的省道位置**

①设置前片省道位置：侧缝辅助线沿腰围线向下，取侧缝胯部腰省量的1/3约1cm，在腰围线上设置侧缝胯部腰省起点，将侧缝胯部腰省起点至前中心线之间的前片腰围线平分成三等份，设置腹部腰省中心点和胯骨顶端腰省中心点。

②设置后片省道位置：侧缝辅助线沿腰围线向上，取侧缝胯部腰省量的2/3约1.8cm，在腰围线上设置侧缝胯部腰省起点，将侧缝胯部腰省起点至后中心线之间的后片腰围线平分成三等份，设置后中臀部腰省中心点和后侧臀部腰省中心点。

10. **设置腹部、胯部、臀上部腰省的省长、省型线**

①腹部腰省：沿腹部腰省中心点，垂直腰围线画直线至腹围线设置省尖点。沿腰围线腹部腰省中心点上下，各取腹部腰省量的1/2即0.5cm设置省起点，分别自省起点至省尖点画腹部腰省。

②胯骨顶端腰省：沿胯骨顶端腰省中心点，垂直于腰围线画直线，取省长13cm设置省尖点。沿腰围线胯骨顶端腰省中心点上下，各取胯骨顶端腰省量的1/2即1.5cm设置省起点，分别自省起点至省尖点画胯骨顶端腰省。

③侧缝胯部腰省与前后侧缝线：沿侧缝辅助线取省长13.5cm设置侧缝胯部腰省尖点，分别自侧缝胯部腰省起点至侧缝胯部腰省尖点画前后侧缝线；侧缝胯部腰省尖以下的侧缝辅助线转换视为侧缝线。

④后中臀部腰省：沿后中臀部腰省中心点，垂直腰围线画直线，取省长13cm设置省尖点，沿腰围线后中臀部腰省中心点上下，各取后中臀部腰省量的1/2即1.5cm设置省起点，分别自省起点至省尖点画后中臀部腰省。

⑤后侧臀部腰省：沿后侧臀部腰省中心点，垂直腰围线画直线，取省长13.5cm设置省尖点，沿腰围线后侧臀部腰省中心点上下，各取后侧臀部腰省量的1/2即1.5cm设置省起点，分别自省起点至省尖点画后侧

臀部腰省。

11. 绘制腰围水平线的步骤

①从腰围线沿后中心线向下取原理下落定值0.5cm，设置后腰围水平线基点。

②将前后中心线、侧缝线、摆围线剪成净板。剪开各省道一边省型线，保留腰围线多余量（图2-3-4）。

③分别对齐合并各省道省型线，用胶带黏合。前后片侧缝线以臀围线为基点对齐合并，用胶带黏合（图2-3-5）。

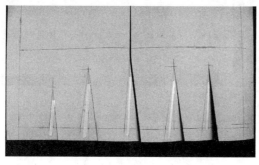

图2-3-4　　　　　　　　　　　　图2-3-5

④前片以腰围线与前中心交点为基点（图2-3-6），后片以原理下落定值点为基点（图2-3-7），画弧线修顺腰围线（图2-3-8）。

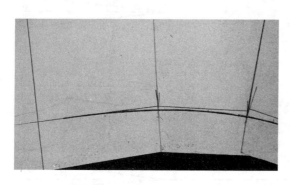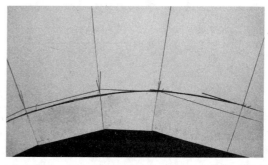

图2-3-6　　　　　　　　　　　　图2-3-7

12. 修正省型线

沿腹围线测量1/2腹围围度量（图2-3-9），是否吻合1/2腹围数值80cm÷2=40cm，1/2腹围围度量与1/2腹围数值有误差时，依据省型线形成的原理，通过修正省型线调整1/2腹围围度量：1/2腹围围度量与1/2腹围数值吻合时，省型线不动；1/2腹围围度量大于腹围数值时，外弧线修正省型线缩小

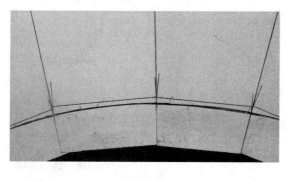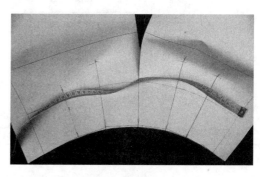

图2-3-8　　　　　　　　　　　　图2-3-9

1/2腹围围度量；1/2腹围围度量小于腹围数值时，内弧线修正省型线加大1/2腹围围度量。

13. **标注丝缕线和名称** 将裙前、后片分别剪成净板，垂直于臀围线画丝缕线，线两端标上箭头，在丝缕线上标注板型名称（或人名）、款号、号型、裙片名称（图2-3-10、图2-3-11）。

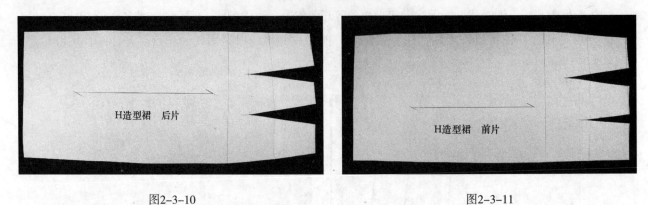

图2-3-10   图2-3-11

三、H型基本裙的基本板型（图2-3-12）

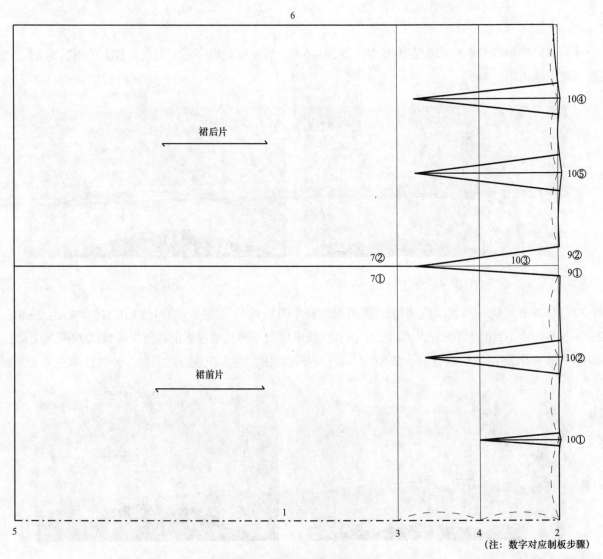

（注：数字对应制板步骤）

图2-3-12　H型基本裙（160/64Y）

四、H型基本裙的坯布缝制效果（图2-3-16）

H型基本裙前面（图2-3-13），H型基本裙侧面（图2-3-14），H型基本裙后面（图2-3-15）。

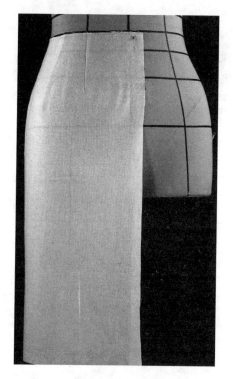

图2-3-13　前面

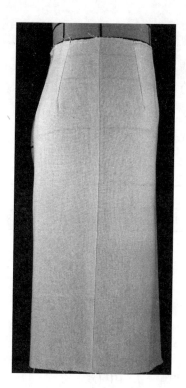

图2-3-14　侧面

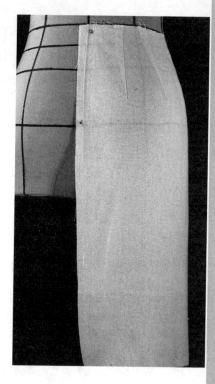

图2-3-15　后面

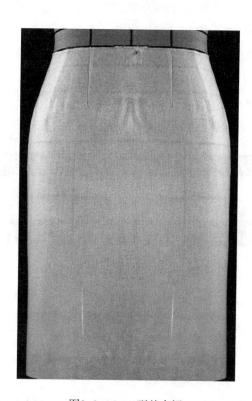

图2-3-16　H型基本裙

第四节 H型褶裙与基本板型

由"H型基本裙"演变成H型褶裙的造型特点：将前臀围线分割成若干条纵向结构线，结构线之间增加褶量，臀围线至腰围线之间塑型合体，臀围线以下的裙身造型轮廓线为直线呈H型。

由H型基本裙演变成H型褶裙的结构变化：将臀围与腰围之差量形成塑型省量，通过若干条纵向结构线设置省量，进行均等分配，完成臀围线以上裙身腹部、胯部、臀部曲面的塑型。

H型褶裙基本板型160/64Y规格见表2-4-1。

表2-4-1 　　　　　　　　　　　　　　单位：cm

测量部位	裙长	臀下围高	腰围	臀围	摆围	褶裥
尺寸	51	15	64+0.5=64.5	88+4=92	92	20

一、H型褶裙的平面制板步骤

依据H型基本裙的结构原理，分步骤制板如下。

（一）H型褶裙裙褶的制板步骤

1. **褶中心线** 板纸上沿水平方向画一条褶中心线。

2. **腰围线** 板纸右方距板纸边2~3cm处，垂直于褶中心线画腰围线。

3. **臀围线** 以腰围线为基点向左，取臀下围高数值15cm，垂直于褶中心线画臀围线。

4. **裙长线** 以腰围线为基点向左，取裙长数值51cm，垂直于褶中心线画裙长线。

5. **设置臀围褶线点** 以褶中心线为基点，沿臀围线上下各取臀围成品尺寸92cm÷2÷20=2.3cm设置臀围褶线点，垂直于臀围线，分别自臀围褶线点画线至裙长线。

6. **设置腰围褶线点** 以褶中心线为基点，沿腰围线向上下各取腰围成品尺寸64.5cm÷2÷20=1.6cm设置腰围褶线点，分别自臀围褶线点画线至腰围褶线点（图2-4-1）。

图2-4-1

（二）H型褶裙的制板步骤

1. **臀围线** 板纸向左17cm，上下方向画臀围线。

2. **绘制褶和褶量**

①板纸边向上2cm垂直臀围线画褶线，以臀围线与褶线交点为基点，沿臀围线向上取任意褶量的1/2设

置褶量点。

　　②以褶量点为基点，将褶板臀围线与板纸上的臀围线相重叠，在板纸上复制第一个褶，沿臀围线向上设置任意褶量点。

　　③以任意褶量点为基点，继续将褶板臀围线与板纸上的臀围线相重叠，在板纸上复制第二个褶，沿臀围线向上设置任意褶量点，以此类推，共复制20个褶。

　　④第20个褶沿臀围线向上，取任意褶量的1/2，垂直于臀围线，画线连接自裙长线经臀围线至腰围线。

　　3. *标注丝缕线和名称*　平行褶中心线画丝缕线，线两端标上箭头，在丝缕线上标注板型名称（或人名）、款号、号型、裙片名称。

二、H型褶裙裙褶的板型（图2-4-2）

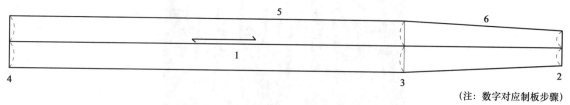

图2-4-2　H型褶裙一个裙褶（160/64Y）

（注：数字对应制板步骤）

三、H型褶裙的基本板型（图2-4-3）

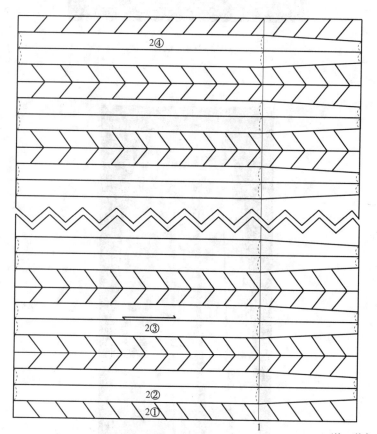

（注：数字对应制板步骤）

图2-4-3　H型褶裙（160/64Y）

四、H型褶裙的坯布缝制效果

H型褶裙前面（图2-4-4），H型褶裙侧面（图2-4-5）。

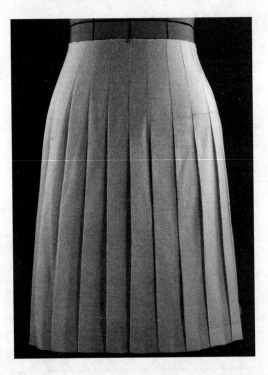

图2-4-4　前面

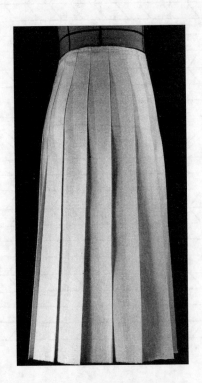

图2-4-5　侧面

第五节　V型基本裙与基本板型

由"裙基本型"演变成V型基本裙的造型特点：臀围线至腰围线之间塑型合体，臀下部塑型合体，臀围线以下裙身造型轮廓线上宽下窄呈V型。

一、V型基本裙的立裁方法

依据裙基本型形成的步骤和结构原理，分步骤制板如下。

1. **在裙基本型的基础上，展开裙基本型的臀下部省**（图2-5-1）

2. **臀下部省转移至臀围线省**　将臀下部展开的多余量，顺外侧向上提至后侧臀围线处掐省（图2-5-2），用珠针固定，以前片臀围线为基点，在后片板布上标明省型线。板布与侧面大腿相贴合，按人台大腿根围标示线和侧缝标示线，在板布上标明臀高线和侧缝线（图2-5-3）。修补板布裙下摆缺损量，以前片裙长为基点，在后片板布上标明裙长线（图2-5-4）。

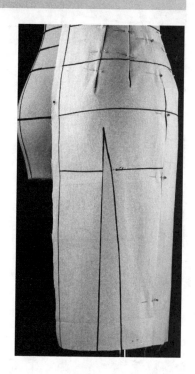

图2-5-1

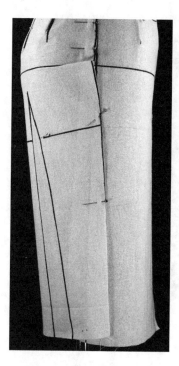

图2-5-2

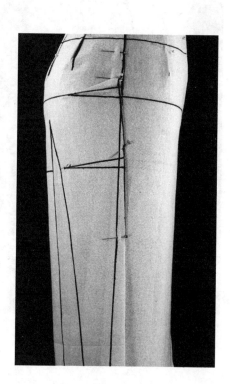

图2-5-3

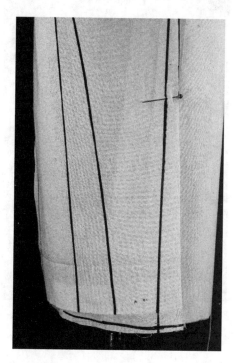

图2-5-4

图2-5-5

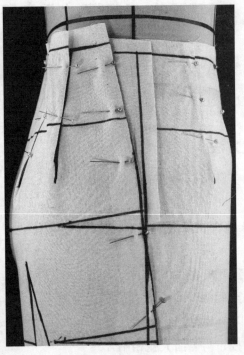

图2-5-6

3. 臀围线省转移至后侧臀部腰省

①展开臀围线省（图2-5-5）。

②修补后侧缝线处板布缺损量，将板布与侧面腰部、胯部之间相贴合，按人台侧缝标示线，在板布上标明后侧缝线（图2-5-6）。

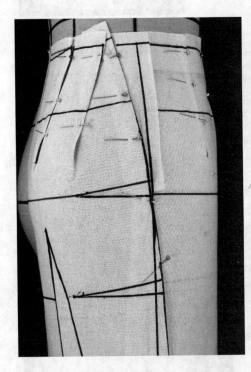

图2-5-7

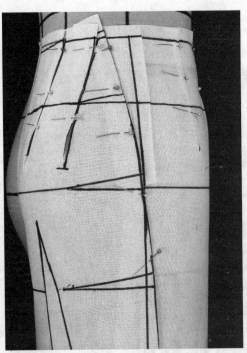

图2-5-8

③板布与腰部、臀部之间相贴合，将臀围线省合并至后侧臀部腰省中（图2-5-7），按人台腰围标示线和腹围标示线，在板布上标明腰围线、腹围线和后侧臀部腰省的省型线（图2-5-8）。

二、立体裁剪成型后的V型基本裙

V型基本裙前面（图2-5-9），V型基本裙侧面（图2-5-10），V型基本裙后面（图2-5-11）。

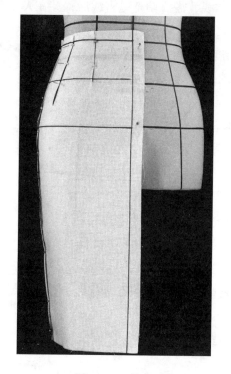 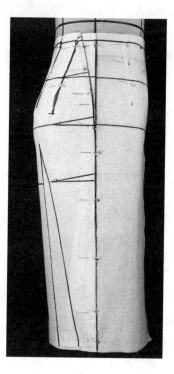 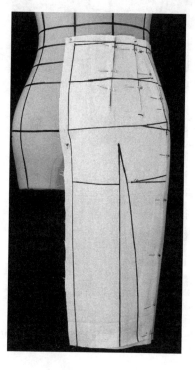

图2-5-9　前面　　　　　　　　　图2-5-10　侧面　　　　　　　　图2-5-11　后面

三、臀下部塑型的基本原理

1. 用转省方式处理臀下部塑型的结构原理

经过立体裁剪，从展开成平面的V型基本裙的基本板型上可以看到：

①前片侧缝收缩裙摆围度量形成的省量最大值3.5cm（图2-5-12）。

②在转移后下臀省量时形成臀围线省，省量1.2cm，短裙后侧缝线1.2cm长度缺损量从裙下摆处增加。

③后下臀省量转移至臀上部后侧臀部腰省中，同时收缩裙下摆围度量，腰围线、臀围线、摆围线形成下翘扇形且保持平行（图2-5-13）。

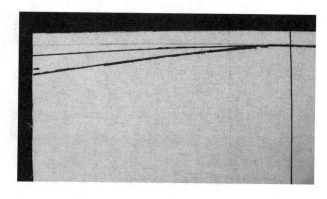 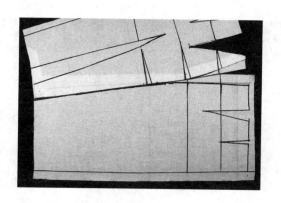

图2-5-12　　　　　　　　　　　　　　　　　图2-5-13

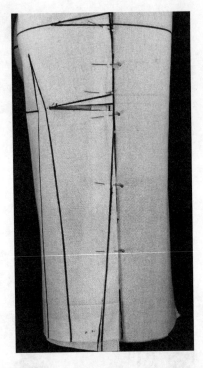

图2-5-14

2. 臀下部塑型的拔开工艺原理

将后下臀省转移至后侧臀部腰省后，V型裙臀下部至膝盖轮廓线呈现的是上宽下窄的斜线（图2-5-10），这种斜线只适合及膝以上长度V型裙的造型；及膝以下长度V型裙臀下部的轮廓线，需要调整呈直线后，穿在人体上线条才能流畅。通过（图2-5-14）可以看到：剪开臀高线处的板布后，即可调整臀高线以下轮廓线的倾斜度，使臀下部轮廓线呈直线，这就是拔开工艺的原理。运用拔开工艺原理，可以任意进行V型裙及膝以上短裙或及膝以下长裙臀下部轮廓线的设计，以及板型的处理。

3. 拔开工艺调整臀下部轮廓线的操作步骤

①将V型基本裙的基本板型复制在另一块板布上（图2-5-15）。

②以臀高线处为起点，调直后侧缝线与后中心线基本平行（图2-5-16）。

③剪去后侧缝线多余量，往相反方向拉直侧缝线（图2-5-17）。

④在臀高线处往相反方向，用熨斗拔开后侧缝线（图2-5-18），拔开因转移臀围线省亏损的1.2cm省量（图2-5-19）。

⑤以腰围线为起点，对齐前后侧缝线，以前片裙长线为基线，设置后片裙长线（图2-5-20）。

⑥经过拔开工艺调整后的V型基本裙臀下部的轮廓线呈直线（图2-5-21）。

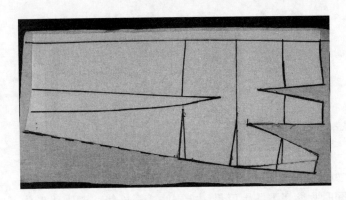

图2-5-15

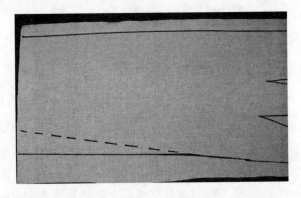

图2-5-16

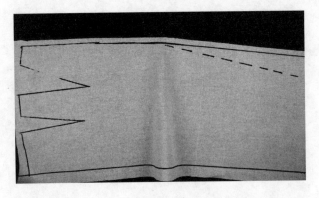

图2-5-17

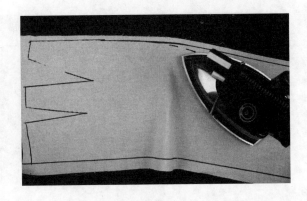

图2-5-18

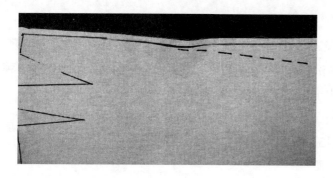

图2-5-19

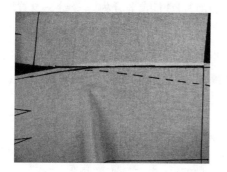

图2-5-20

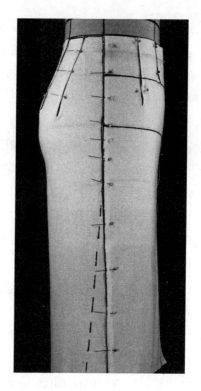

图2-5-21

V型基本裙基本板型160/64Y规格见表2-5-1。

表2-5-1

单位：cm

测量部位	裙长	腰围	腹围	臀下围高	臀围	摆围
尺　寸	51	64+0.5=64.5	79+1=80	15	88+2=90	68

四、V型基本裙的平面制板步骤

依据V型基本裙的结构原理，分步骤制板如下。

1. **前中心线**　板纸下方向上距板纸边2～3cm处，画前中心线。

2. **腰围线**　板纸右方距板纸边2～3cm处，垂直于前中心线画腰围线。

3. **臀围线**　以腰围线为基线向左，取臀下围高数值15cm，垂直于前中心线画臀围线。

4. **腹围线**　腰围线至臀围线之间1/2处，垂直于前中心线画腹围线。

5. **裙长线**　以腰围线为基线向左，取裙长数值51cm，垂直于前中心线画裙长线。

6. **后中心线**　以前中心线为基线，沿臀围线向上，取臀围成品尺寸90cm÷2=45cm，垂直于臀围线，自裙长线至腰围线画后中心线。

7. **侧缝辅助线**

①以前中心线为基线，沿臀围线向上，取臀围成品尺寸90cm÷4+0.5cm=23cm，垂直臀围线，自裙长线至腰围线画前侧缝辅助线。

②以后中心线为基线，沿臀围线向下，取臀围成品尺寸90cm÷4-0.5cm=22cm，垂直臀围，自裙长线至

腰围线画后侧缝辅助线。

8. **设置腹部、胯部、臀上部腰省的塑型省量**　已知一个腹部有两个省，两个胯部共有四个省，两个臀部共有四个省，将臀围与腰围之差量分成10等份，即（90cm–64.5cm）÷10=2.55cm为平均省量，视腹部、胯部、臀部曲面的大小设置省量：人台腹部曲面较平，腹部腰省设分配省量1cm；胯部曲面较大，设分配省量5.8cm，其中：胯骨顶端腰省设分配省量3cm，侧缝胯部腰省设分配省量2.8cm；臀部曲面较大，设分配省量6cm，其中：后中臀部腰省设分配省量3cm，后侧臀部腰省设分配省量3cm。

9. **设置腹部、胯部、臀上部腰省的省道位置**

①设置前片省道位置：前侧缝辅助线沿腰围线向下，取侧缝胯部腰省量的1/3约1cm，在腰围线上设置侧缝胯部腰省起点，将侧缝胯部腰省起点至前中心线之间的前片腰围线平分为三等份，设置腹部腰省中心点和胯骨顶端腰省中心点。

②设置后片省道位置：后侧缝辅助线沿腰围线向上，取侧缝胯部腰省量的2/3约1.8cm，在腰围线上设置侧缝胯部腰省起点，将侧缝胯部腰省起点至后中心线之间的后片腰围线平分成三等份，设置后中臀部腰省中心点和后侧臀部腰省中心点。

10. **设置腹部、胯部、臀上部腰省的省长、省型线**

①腹部腰省：沿腹部腰省中心点，垂直腰围线画直线至腹围线设置省尖点。沿腰围线腹部腰省中心点上下，各取腹部腰省量的1/2即0.5cm设置省起点，分别自省起点至省尖点画腹部腰省。

②胯骨顶端腰省：沿胯骨顶端腰省中心点，垂直腰围线画直线，取省长13cm设置省尖点。沿腰围线胯骨顶端腰省中心点上下，各取胯骨顶端腰省量的1/2即1.5cm设置省起点，分别自省起点至省尖点画胯骨顶端腰省。

③侧缝胯部腰省与前后侧缝线：分别沿前后侧缝辅助线取省长13.5cm设置侧缝胯部腰省尖点，自侧缝胯部腰省起点至侧缝胯部腰省尖点画前后侧缝线。

④后中臀部腰省：沿后中臀部腰省中心点，垂直于腰围线画直线，取省长13cm设置省尖点，沿腰围线后中臀部腰省中心点上下，各取后中臀部腰省量的1/2即1.5cm设置省起点，分别自省起点至省尖点画后中臀部腰省。

⑤后侧臀部腰省：沿后侧臀部腰省中心点，垂直于腰围线画直线，取省长13.5cm设置省尖点，沿腰围线后侧臀部腰省中心点上下，各取后侧臀部腰省量的1/2即1.5cm设置省起点，分别自省起点至省尖点画后侧臀部腰省。

11. **绘制腰围水平线的步骤**

①从腰围线沿后中心线向下取原理下落定值0.5cm，设置后腰围水平线基点。

②将前后中心线、侧缝线、摆围线剪成净板。剪开各省道一边省型线，保留腰围线多余量（图2-3-4）。

③分别对齐合并各省道省型线，用胶带黏合。前后片侧缝线以臀围线为基点对齐合并，用胶带黏合（图2-3-5）。

④前片以腰围线与前中心交点为基点（图2-3-6），后片以原理下落定值点为基点（图2-3-7），画弧线修顺腰围线（图2-3-8）。

12. **修正省型线**　沿腹围线测量1/2腹围围度量（图2-3-9），是否吻合1/2腹围数值80cm÷2=40cm，1/2腹围围度量与1/2腹围数值有误差时，依据省型线形成的原理，通过修正省型线调整1/2腹围围度量；1/2腹围围度量与1/2腹围数值吻合时，省型线不动；1/2腹围围度量大于腹围数值时，外弧线修正省型线缩小1/2腹围围度量；1/2腹围围度量小于腹围数值时，内弧线修正省型线加大1/2腹围围度量。

13. **前侧缝大腿省与前侧缝线**　以前侧缝辅助线与裙长线交点为基点，沿裙长线向下取定值3cm设置前侧缝大腿省点，自前臀围线至前侧缝大腿省点画前侧缝线（图2-5-22）。

14. **设置臀围线省**　以后侧臀部腰省尖为基点，在臀围线上设置臀围线省尖点，沿后侧缝线向左取定值1.2cm设置臀围线省起点，自臀围线省起点至臀围线省尖点画臀围线省（图2-5-23）。

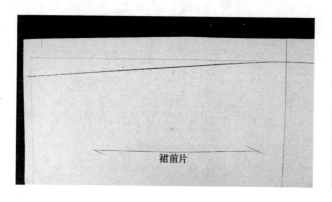

图2-5-22　　　　　　　　　　　　　　　　图2-5-23

15. **臀下部省量转移至臀围线省与后侧缝线**　垂直臀围线省下线画后侧缝线至裙长线（图2-5-24）；臀围线省下线与前臀围线对齐，合并前后侧缝线（图2-5-25），画弧线连接自前裙长线至后裙长线（图2-5-26）。

16. **臀围线省转移至后侧臀部腰省**

①按臀围线省上线、后侧缝线、腰围线、后侧臀部腰省线复制纸板（图2-5-27）。

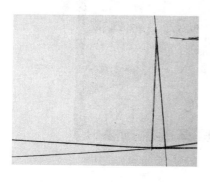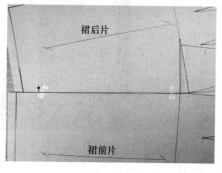

图2-5-24　　　　　　　　　　　　　　　　图2-5-25

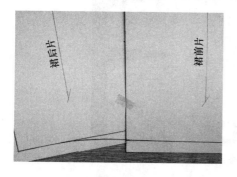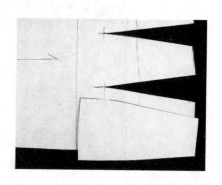

图2-5-26　　　　　　　　　　　　　　　　图2-5-27

②将复制纸板臀围线省上线与裙板臀围线省下线合并（图2-5-28），按复制纸板绘制后侧缝线、腰围线、后侧臀部腰省线（图2-5-29）。

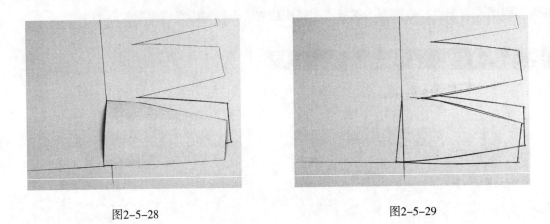

图2-5-28　　　　　　　　　　　　　　　　　图2-5-29

17.　**绘制腰围线**　剪开后侧臀部腰省道一边省型线，对齐合并用胶带黏合，修顺腰围线。

18.　**标注丝缕线和名称**　将裙前、后片分别剪成净板，垂直于臀围线画丝缕线，线两端标上箭头，在丝缕线上标注板型名称（或人名）、款号、号型、裙片名称（图2-5-30、图2-5-31）。

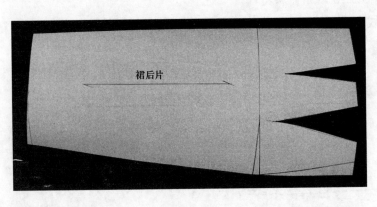

图2-5-30

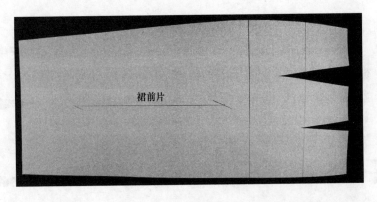

图2-5-31

五、V型基本裙的基本板型（图2-5-32）

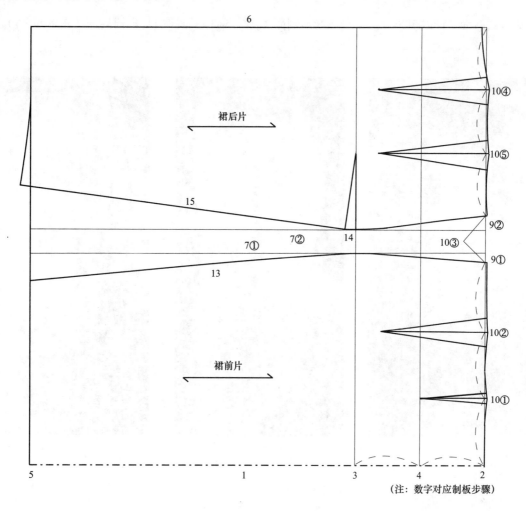

（注：数字对应制板步骤）

图2-5-32　V型基本裙（160/64Y）

六、V型基本裙（后片处理）的基本板型（图2-5-33）

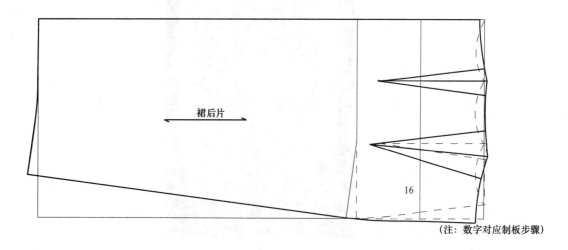

（注：数字对应制板步骤）

图2-5-33　V型裙基本板型（160/64Y）后片处理

七、V型基本裙的坯布缝制效果（图2-5-37）

V型基本裙前面（图2-5-34），V型基本裙侧面（图2-5-35），V型基本裙后面（图2-5-36）。

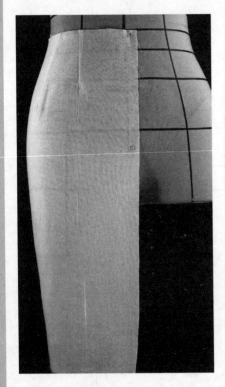

图2-5-34 前面

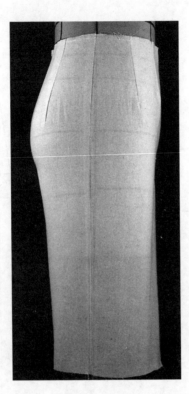

图2-5-35 侧面

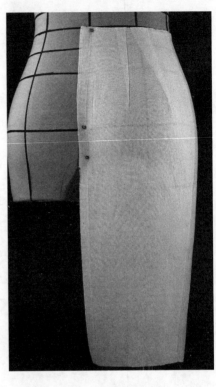

图2-5-36 后面

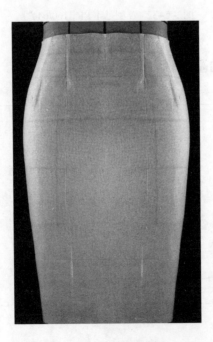

图2-5-37 V型基本裙

第六节　小摆A型基本裙与基本板型

人体腰部为圆柱体，A型基本裙可分为90°小A裙、180°中A裙、360°大A裙、720°裙、A一片裙等裙型，不同角度的裙型形成不同的造型特点。

由裙基本型演变成**小摆A型基本裙的造型特点**：臀围线至腰围线之间塑型合体，臀围线以下裙身造型轮廓线上窄下宽呈A型。

一、小摆A型基本裙形成的立裁方法和结构原理

依据裙基本型形成的步骤和结构原理，操作步骤如下。

1. 在裙基本型的基础上，展开腹部腰省和胯骨顶端腰省（图2-6-1）；板布与腰部、胯部相贴合，按人台腰围标示线和侧缝标示线，在板布上标明腰围线和前侧缝线（图2-6-2、图2-6-3）；按人台腹围和臀围标示线，在板布上标明腹围线和臀围线（图2-6-4）。

2. 在裙基本型的基础上，展开后侧臀部腰省和后中臀部腰省（图2-6-5）；板布与腰部、臀部、胯部相贴合，以前片板布侧缝线为基点，在后片板布上标明后侧缝线，用珠针固定（图2-6-6）；按人台腰围标示线、腹围标示线和臀围标示

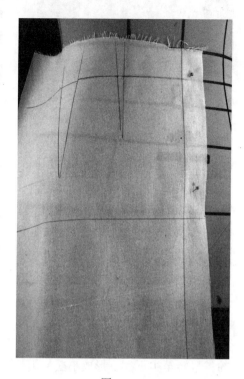

图2-6-1

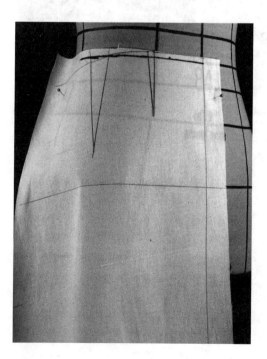

图2-6-2

图2-6-3

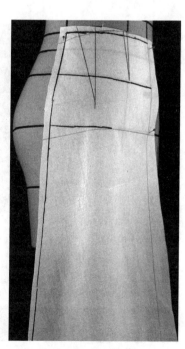

图2-6-4

线，在后片板布上标明腰围线、腹围线和臀围线；平行臀围线，剪齐前后片裙下摆的长度（图2-6-7）。

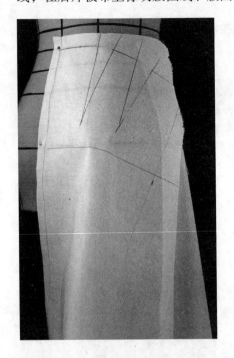

图2-6-5

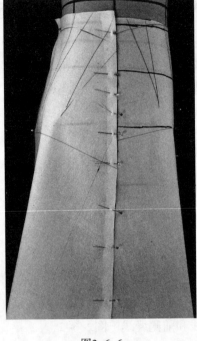

图2-6-6

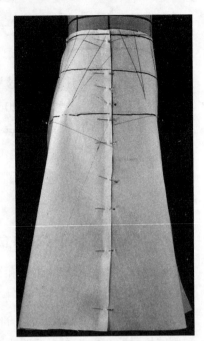

图2-6-7

3. 经过立体裁剪，从展开成平面的小摆A型基本裙基本板型可以看到：前片腹部腰省和胯骨顶端腰省的省量转至裙下摆，形成小摆A型基本裙的最大裙摆量（图2-6-8）；后片后中臀部腰省和后侧臀部腰省的省量转至裙下摆，形成小摆A型基本裙的最大裙摆量（图2-6-9）。由此可见，裙摆量由省量控制，省量大裙摆量则大，省量小裙摆量则小。省量转至裙下摆后，腰围线、腹围线、臀围线和摆围线形成上翘扇形且保持平行（图2-6-10、图2-6-11）。

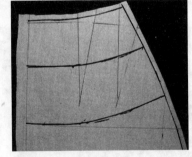

图2-6-10

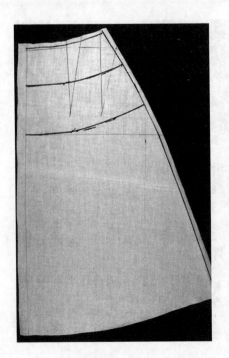

图2-6-8

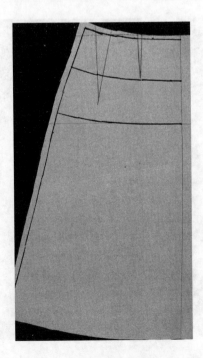

图2-6-9

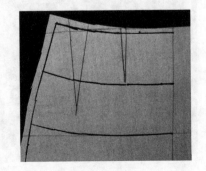

图2-6-11

小摆A型基本裙基本板型160/64Y规格见表2-6-1。

表2-6-1

单位：cm

测量部位	裙长	腰围	腹围	臀下围高	臀围
尺寸	51	64+0.5=64.5	79+1=80	15	88+2=90

二、小摆A型基本裙的平面制板步骤

1. **合并腹部腰省** 按H型基本裙平面制板的步骤，绘制完成H型基本裙基本板型，在板纸上按H型基本裙纸板，复制前中心线、腰围线、腹部腰省线（图2-6-12、图2-6-13），用H型基本裙纸板腹部腰省线，合并、对齐板纸上的腹部腰省线（图2-6-14），在板纸上按H型基本裙纸板，复制腰围线、胯骨顶端腰省线（图2-6-15）。

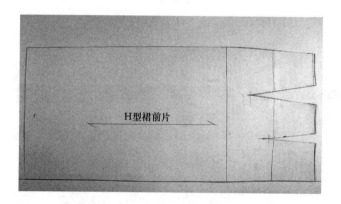

图2-6-12

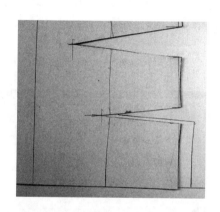

图2-6-13

图2-6-14

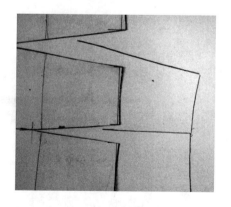

图2-6-15

2. **合并胯骨顶端腰省** 用H型基本裙纸板胯骨顶端腰省线，合并、对齐板纸上的胯骨顶端腰省线（图2-6-16），在板纸上按H型基本裙纸板，复制腰围线、前侧缝线（图2-6-17）。

图2-6-16

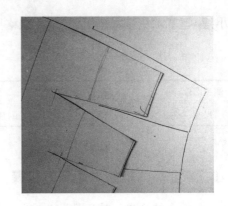

图2-6-17

3. 合并后中臀部腰省 在板纸上按H型基本裙纸板，复制后中心线、腰围线、后中臀部腰省线（图2-6-18、图2-6-19），用H型基本裙纸板后中臀部腰省线，合并、对齐板纸上的后中臀部腰省型线（图2-6-20），在板纸上按H型基本裙纸板，复制腰围线、后侧臀部腰省线（图2-6-21）。

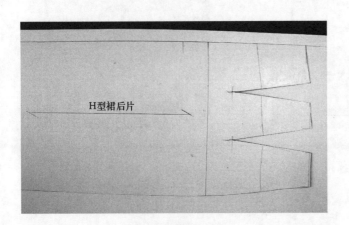

图2-6-18

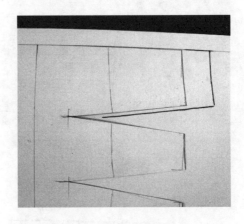

图2-6-19

图2-6-20

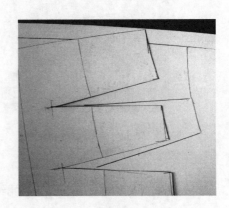

图2-6-21

4. **合并后侧臀部腰省**　用H型基本裙纸板后侧臀部腰省线，合并、对齐板纸上的后侧臀部腰省线（图2-6-22），在板纸上按H型基本裙纸板，复制腰围线、后侧缝线（图2-6-23）。

图2-6-22

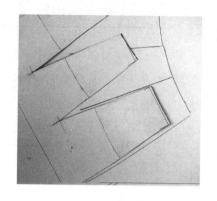

图2-6-23

5. **绘制臀围线和裙长线**　延长侧缝线，以腰围线为基点，取臀下围高数值15cm，裙长数值51cm，平行腰围线绘制臀围线和摆围线（图2-6-24、图2-6-25）。将裙前、后片分别剪成净板（图2-6-26、图2-6-27）。

6. **标注丝缕线和名称**　平行于前后中心线画丝缕线，线两端标上箭头，在丝缕线上标注板型名称（或人名）、款号、号型、或人名、裙片名称（图2-6-26、图2-6-27）。

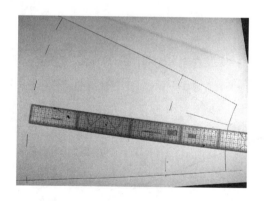

图2-6-24

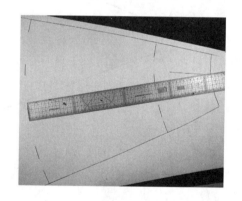

图2-6-25

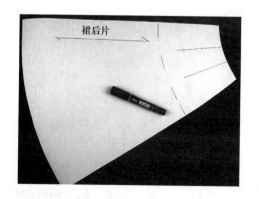

图2-6-26

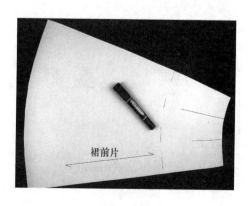

图2-6-27

三、小摆A型基本裙的基本板型（图2-6-28）

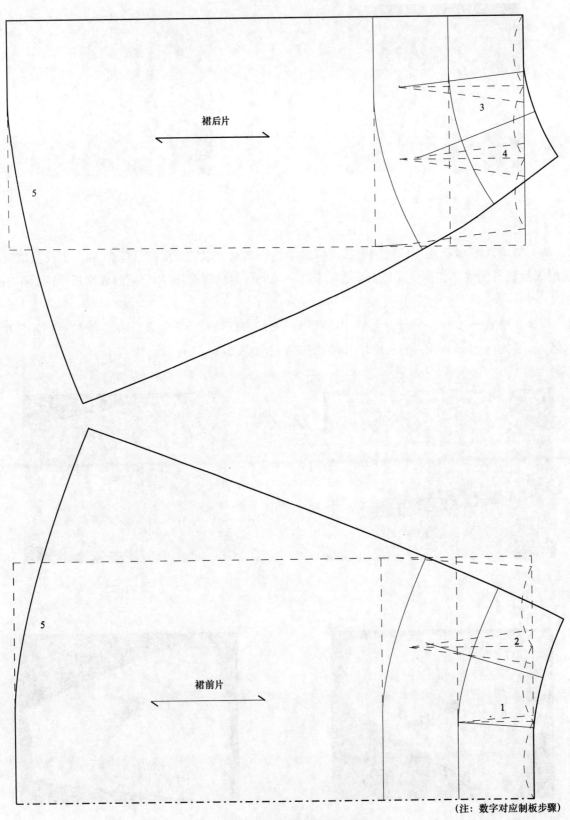

裙后片

5

3

4

裙前片

5

2

1

（注：数字对应制板步骤）

图2-6-28 小摆A型基本裙（160/64Y）

四、小摆A型基本裙的坯布缝制效果（图2-6-32）

小摆A型基本裙前面（图2-6-29），小摆A型基本裙侧面（图2-6-30），小摆A型基本裙后面（图2-6-31）。

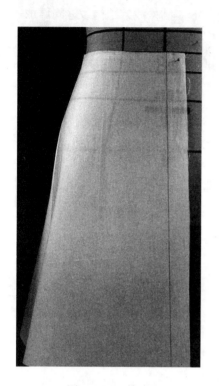
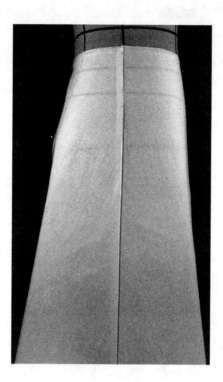
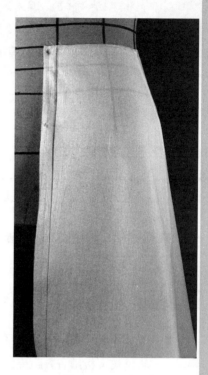

图2-6-29 前面　　　　　　　　　　图2-6-30 侧面　　　　　　　　　　图2-6-31 后面

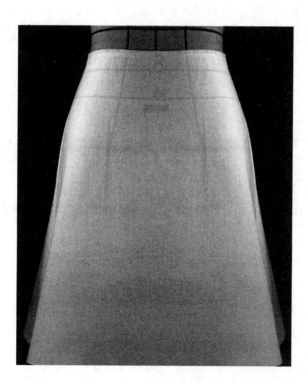

图2-6-32 小摆A型基本裙

第七节　A型褶裙基本板型

由小摆A型基本裙演变成A型褶裙的造型特点：将臀围线分割成若干条纵向结构线，结构线之间增加褶量，臀围线至腰围线之间塑型合体，臀围线以下的裙身造型轮廓线为上窄下宽的放射直线呈A型。

由小摆A型基本裙演变成A型褶裙的结构变化：臀围与腰围之差量形成的省量，通过若干条纵向结构线设置省量，进行均等分配，完成臀围线以上裙身腹部、胯部、臀部曲面的塑型。

A型褶裙基本板型160/64Y规格见表2-7-1。

表2-7-1　　　　　　　　　　　　　　　　　　　　单位：cm

测量部位	裙长	臀下围高	腰围	臀围	摆围	褶数
尺寸	51	15	64+0.5=64.5	88+4=92	164	20

一、A型褶裙的平面制板方法

依据A型基本裙的结构原理，分步骤制板如下。

（一）A型褶裙裙褶的制板步骤

1. **褶中心线**　板纸上沿水平方向画一条褶中心线。

2. **腰围线**　板纸右方距板纸边2～3cm处，垂直于褶中心线画腰围线。

3. **臀围线**　以腰围线为基点向左，取臀下围高的数值15cm，垂直于褶中心线画臀围线。

4. **裙长线**　以腰围线为基点向左，取裙长数值51cm，垂直于褶中心线画裙长线。

5. **设置臀围褶线点**　以褶中心线为基点，沿臀围线上、下各取臀围成品尺寸92cm÷褶数20÷2=2.3cm设置臀围褶线点。

6. **设置腰围褶线点**　以褶中心线为基点，沿腰围线向上、下各取腰围成品尺寸64.5cm÷褶数20÷2=1.6cm设置腰围褶线点，分别自腰围褶线点经臀围褶线点画线至裙长线（图2-7-1）。

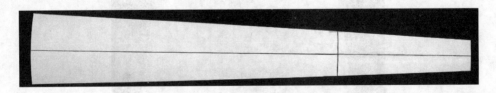

图2-7-1

（二）A型褶裙的制板步骤

1. **裙长线**　板纸边向右3cm，上下方向画裙长线。

2. **绘制褶和褶量**

①板纸边向上2cm垂直裙长线画褶线，以裙长线与褶线交点为基点，沿裙长线向上取任意褶量的1/2设置褶量点。

②以褶量点为基点，将褶板裙长线与板纸裙长线对齐，在纸板上复制第一个褶，沿裙长线向上设置任意褶量点。

③以任意褶量点为基点，继续将褶板裙长线与板纸裙长线对齐，在纸板上复制第二个褶，沿裙长线向上设置任意褶量点。以此类推，共复制20个褶。

④第20个褶沿裙长线向上，取任意褶量的1/2，垂直裙长线，画线连接自裙长线经臀围线至腰围线。

3．**标注丝缕线和名称**　平行褶中心线画丝缕线，线两端标上箭头，在丝缕线上标注板型名称（或人名）、款号、号型、裙片名称。

二、A型褶裙一个裙褶的板型（图2-7-2）

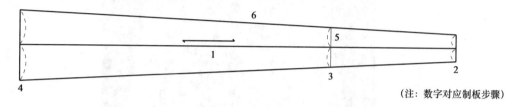

（注：数字对应制板步骤）

图2-7-2　A型褶裙裙褶（160/64Y）

三、A型褶裙的基本板型（图2-7-3）

（注：数字对应制板步骤）

图2-7-3　A型褶裙（160/64Y）

四、A型褶裙的坯布缝制效果

A型褶裙前面（图2-7-4），A型褶裙侧面（图2-7-5）。

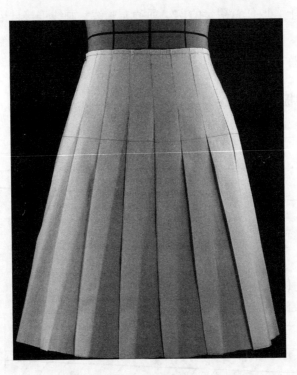

图2-7-4 前面

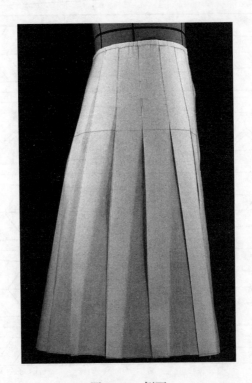

图2-7-5 侧面

第八节　中摆A型基本裙与基本板型

中摆A型基本裙的造型特点和结构原理：中摆A型基本裙以面料经纬纱为裙两边侧缝线，构成90°角的两条弧线形成裙腰和裙摆，扇形裙摆大于臀围围度量而产生褶皱。腰围在180°呈椭圆立体状况下，腹围线至腰围线之间基本合体，腹围线一周至裙下摆均匀产生褶皱。

中摆A型基本裙基本板型160/64Y规格见表2-8-1。

表2-8-1

单位：cm

测量 部位	裙长	腰围
尺寸	50	64+0.5=64.5

一、中摆A型基本裙的平面制板方法1

1. **侧缝线**

①板纸下方向上距板纸边2~3cm处，画横向侧缝线。

②板纸右方向左距板纸边2~3cm处，垂直于横向侧缝线画纵向侧缝线。

2. **中心线**　平分横向侧缝线与纵向侧缝线形呈的90°角，画中心线。

3. **腰围辅助线**

①取腰围1/2数值32.25cm，垂直于中心线，自横向侧缝线经中心线至纵向侧缝线画腰围辅助线。

②以腰围辅助线与横向侧缝线和纵向侧缝线交点为基点，分别垂直于横向侧缝线和纵向侧缝线画线连接中心线。

4. **腰围线**　沿中心线向左，腰围辅助线至对角之间1/2处设置腰围线点，弧线自横向侧缝线经腰围线点至纵向侧缝线画腰围线。

5. **裙长线**　以腰围线为基点向左，取裙长数值50cm，平行于腰围线，自横向侧缝线经中心线至纵向侧缝线画裙长线（提示：前后中心线的纱向为斜丝缕，鉴于斜丝缕纱向垂悬性大于经、纬纱向的特性，因此，在设置裙长时，应视不同面料纱支的高低，适量减少斜丝缕纱向的长度）。

6. **标注丝缕线和名称**　横向平行侧缝线画丝缕线，线两端标上箭头，在丝缕线上标注板型名称（或人名）、款号、号型、裙片名称。

二、中摆A型基本裙的基本板型（图2-8-1）

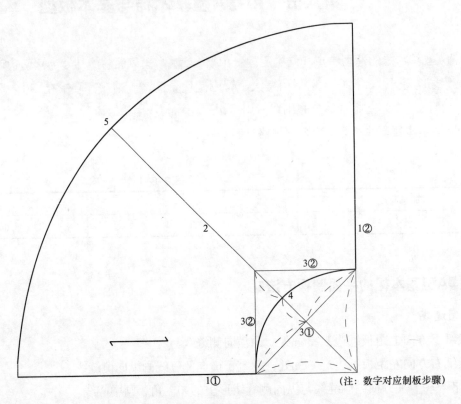

（注：数字对应制板步骤）

图2-8-1　中摆A型基本裙（160/64Y）

三、中摆A型基本裙的平面制板方法2

1. **设置腰围**　在板纸上，取裙长数值50cm为长，腰围数值64.5cm÷2=32.25cm为宽画长方形，在宽的方向上将长方形分成八等份剪开成纸板备用（图2-8-2）。

2. **绘制侧缝线和中心线**　在板纸上画90°直角线为中摆A型基本裙横向侧缝线与纵向侧缝线；平分横向侧缝线与纵向侧缝线直角画中心线（图2-8-3）。

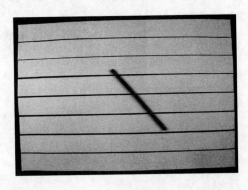

图2-8-2

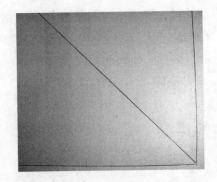

图2-8-3

3. **绘制腰围线和摆围线**　将八等份纸板放在板纸上，第一等份和第八等份纸板的外侧边线，与板纸上的横向侧边线和纵向侧边线相重叠，纸板上方相连，下方在板纸上均匀摆开（图2-8-4），按纸板上方，在板纸上绘制腰围线（图2-8-5）；按裙长数值绘制摆围线；剪净侧缝线、腰围线、摆围线，生成中摆A型基本裙基本板型（图2-8-6）。

图2-8-4

图2-8-5

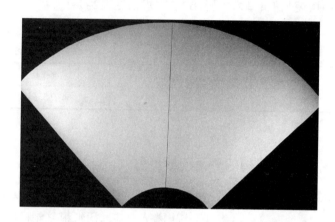

图2-8-6

4. **标注丝缕线和名称** 平行横向侧缝线画丝缕线，线两端标上箭头，在丝缕线上标注板型名称（或人名）、款号、号型、裙片名称。

四、中摆A型基本裙的坯布缝制效果（图2-8-7）

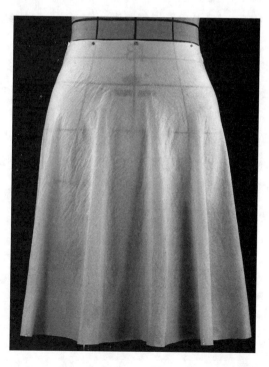

图2-8-7

第九节 中摆A型裙裤基本板型

由中摆A型基本裙演变成**中摆A型裙裤的造型特点和结构原理**：中摆A型裙裤与中摆A型基本裙的造型特点和结构原理基本相同，不相同的是裙裤增加裤裆结构，静态时看似裙，动态时看似裤，为达到裙身造型轮廓线流畅的效果，则需要加大裆底横宽量。

中摆A型裙裤基本板型160/64Y规格见表2-9-1。

表2-9-1 单位：cm

测量部位	裙长	腰围	直裆	横裆宽
尺寸	50	64+0.5=64.5	27	18

一、中摆A型裙裤的平面制板步骤

依据中摆A型裙裤的造型特点和结构原理，分步骤制板如下。

1. **前片裙身** 在板纸上按中摆A型基本裙纸板复制横向侧缝线、腰围线、前中心线和摆围线。

2. **绘制前裆弧线**

①以腰围线为基点，沿前中心线向左取直裆数值27cm，垂直于前中心线画横裆线，沿横裆线向上取横裆宽/3=6cm，平行中心线，自横裆线至摆围线画前下裆线，垂直于前中心线，自摆围线画线连接前下裆线。

②在前中心线与横裆线的角分线上，设定值4cm设置前裆弧线角分线点，自横裆线与前下裆线交点、经前裆弧线角分线点至前中心线画前裆弧线（图2-9-1）。

3. **后片裙身** 在板纸上按中摆A型基本裙纸板复制横向侧缝线、腰围线、后中心线和摆围线。

4. **绘制后裆弧线**

①以腰围线为基点，沿后中心线向左取直裆数值27cm，垂直于后中心线画横裆线。沿横裆线向上取横裆宽×2/3=12cm，平行于后中心线，自横裆线至摆围线画后下裆线，垂直于后中心线，自摆围线画线连接后下裆线。

②在后中心线与横裆线的角分线上，设定值5cm设置后裆弧线角分线点，自横裆线与后下裆线交点、沿横裆线向下4cm处开始，经后裆弧线角分线点至后中心线画后裆弧线（图2-9-2）。

5. **标注丝缕线和名称** 横向平行侧缝线画丝缕线，线两端标上箭头，在丝缕线上标注板型名称（或人名）、款号、号型、裙片名称。

图2-9-1

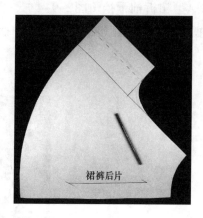

图2-9-2

二、中摆A型裙裤的基本板型（图2-9-3）

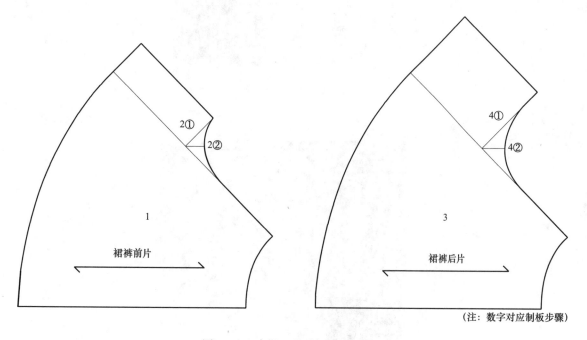

（注：数字对应制板步骤）

图2-9-3　中摆A型裙裤（160/64Y）

三、中摆A型裙裤的坯布缝制效果（图2-9-9）

中摆A型裙裤前下裆（图2-9-4），中摆A型裙裤后下裆（图2-9-5），中摆A型裙裤前面（图2-9-6），中摆A型裙裤侧面（图2-9-7），中摆A型裙裤后面（图2-9-8）。

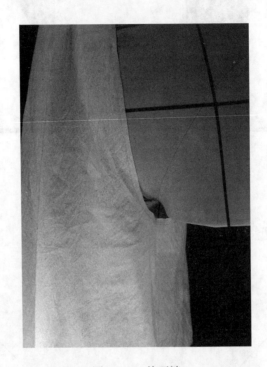

图2-9-4　前下裆

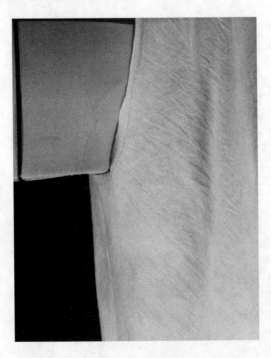

图2-9-5　后下裆

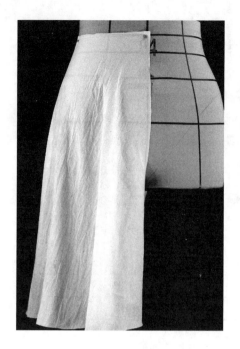

图2-9-6　前面

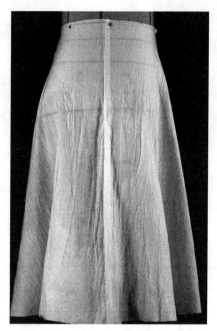

图2-9-7　侧面

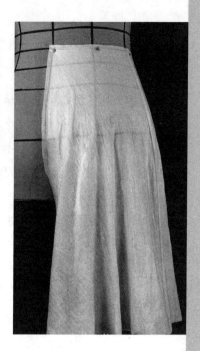

图2-9-8　后面

图2-9-9　中摆A型裙裤

第十节 大摆A型基本裙与基本板型

大摆A型基本裙的造型特点和结构原理：大摆A型基本裙分为360°和720°两种裙型。大摆A型基本裙的裙片以面料经纱为裙两侧侧缝线，构成180°角的两条弧线形成裙腰和裙摆，扇形裙摆大于臀围围度量而产生褶皱，立体状况下，腰围线一周至裙下摆均匀产生褶皱。两片180°裙片拼接形成360°大摆A型基本裙，展开与腰围构成平行；四片180°裙片拼接形成720°大摆A型基本裙，展开与腰围构成垂直。

360°大摆A型裙基本板型160/64Y规格见表2-10-1。

表2-10-1 单位：cm

测量部位	裙长	腰围
尺寸	50	64+0.5=64.5

一、360°大摆A型基本裙的平面制板方法1

依据大摆A型基本裙的造型特点和结构原理，分步骤制板如下。

1. **侧缝线** 板纸下方向上距板纸边2～3cm处，画侧缝线。

2. **中心线** 自侧缝线中间位置，垂直于侧缝线画中心线。

3. **斜向辅助线** 平分中心线与侧缝线的直角，画斜向辅助线。

4. **腰围线** 取腰围/2数值32.25cm÷3.14≈10.3cm为裙腰半径数值，以侧缝线、中心线、斜向辅助线中心点为基点，沿侧缝线、中心线、斜向辅助线取裙腰半径数值10.3cm设置腰围线点，弧线自侧缝线腰围线点经斜向辅助线腰围线点、中心线腰围线点至侧缝线腰围线点画腰围线。

5. **裙长线** 分别以中心线、侧缝线、斜向辅助线与腰围线交点为基点，沿中心线、侧缝线、斜向辅助线取裙长数值50cm，平行于腰围线、自侧缝线经斜向辅助线、中心线至侧缝线画裙长线。

6. **标注丝缕线和名称** 横向平行侧缝线画丝缕线，线两端标上箭头，在丝缕线上标注板型名称（或人名）、款号、号型、裙片名称。

二、360°大摆A型裙的基本板型（图2-10-1）

提示：720°大摆A造型裙腰围线的半径设置：取腰围/4数值16.13cm÷3.14≈5.1cm。其他制板步骤与360°大摆A造型裙的制板步骤相同。

三、360°大摆A型基本裙的平面制板方法2

依据大摆A型裙的造型特点和结构原理，分步骤制板如下。

1. **设置腰围** 在板纸上，取裙长数值50cm为长，腰围数值64.5cm÷2=32.25cm为宽画长方形，在宽的方向上将长方形分成八等份剪开成纸板备用。

2. **绘制侧缝线、中心线和斜向辅助线** 板纸下方向上距板纸边2～3cm处，横向画侧缝线；在侧缝线

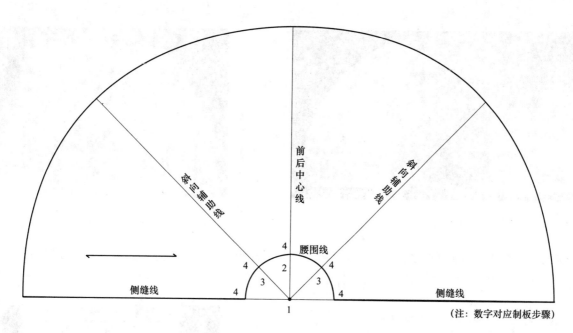

图2-10-1 大摆A型基本裙（160/64Y）

（注：数字对应制板步骤）

的中间位置，垂直于侧缝线画中心线；平分中心线与侧缝线的直角画斜向辅助线。

3. 将八等份纸板放在板纸上，第一等份和第八等份纸板的外侧边线，距板纸上的两边侧缝线，保留展开量的1/2，纸板上方相连，下方在板纸上均匀摆开（图2-10-2），按纸板上方，在板纸上绘制腰围线（图2-10-3）；取裙长数值50cm，平行于腰围线，绘制摆围线；剪净侧缝线、腰围线、摆围线，生成360°大摆A型基本裙基本板型（图2-10-4）。

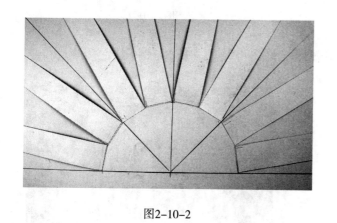

图2-10-2

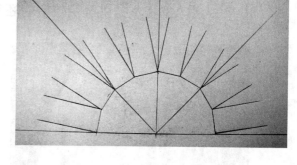

图2-10-3

4. **标注丝缕线和名称** 横向平行侧缝线画丝缕线，线两端标上箭头，在丝缕线上标注板型名称（或人名）、款号、号型、裙片名称。

5. **定位褶** 从图2-10-2、图2-10-3上可以看到，展开八等份长方形纸板的下方后，褶裥从腰围线开始呈A字型，如果平面腰围线用两种不同线的绘制，立体状态下的褶则会出现两种不同的视觉效果：一种视觉效果是将平面板布上的腰围线绘制成圆弧线，板布上的腰围线拉直与人台腰围线相贴合时，立体状况下，褶裥顶端的丝缕出现了紊乱，造成褶线条出现高低不齐的视觉效果（图2-10-5）；另一种视觉效果是将平面板布上的腰围线，绘制成展开长方形纸板下方时所形成的角度（图2-10-6），再将板布腰围线上每个褶裥顶端的缝份剪开，拉直与人台腰围线相贴合时，立体状况下，褶裥顶端的丝缕没有出现紊乱，褶裥

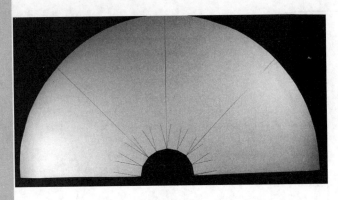

图2-10-4　　　　　　　　　　　　　　　图2-10-5

线条形成干净、简捷、流畅的视觉效果（图2-10-7）。这种褶裥视觉效果称之为定位褶，在以后的应用篇中，定位褶将广泛用于衣、裤、裙的细节设计中。

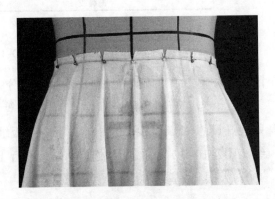

图2-10-6　　　　　　　　　　　　　　　图2-10-7

四、360°大摆A型基本裙以及定位褶的坯布缝制效果（图2-10-8、图2-10-9）

图2-10-8　360°大摆A型基本裙　　　　　　　　图2-10-9　定位褶

第十一节 360°大摆A型裙裤基本板型

由360°大摆A型基本裙演变成360°大摆A型裙裤的造型特点和结构原理：360°大摆A型裙裤与360°大摆A型裙的造型特点和结构原理基本相同，不相同的是裙裤增加裤裆，静态时看似裙，动态时看似裤，为达到裙身造型轮廓线流畅的效果，则需要加大裆底横宽量。

360°大摆A型裙裤基本板型160/64Y规格见表2-11-1。

表2-11-1　　　　　　　　　　　　　　　　　　　　　　　　　　　　　单位：cm

测量部位	裙长	腰围	直裆	横裆宽
尺寸	50	64+0.5=64.5	27	18

一、360°大摆A型裙裤的平面制板步骤

依据360°大摆A型裙裤的造型特点和结构原理，分步骤制板如下。

1. **裙身** 在板纸上按360°大摆A型基本裙纸板复制侧缝线、腰围线、前中心线和摆围线，将复制的大摆A型基本裙的侧缝线更改为前后中心线，前后中心线更改为侧缝线。

2. **绘制前裆弧线**

①以腰围线为基点，沿前中心线向左取直裆数值27cm，垂直于前中心线画横裆线，沿横裆线向下取横裆宽/3=6 cm，平行于中心线，自横裆线至摆围线画前下裆线，垂直于前中心线，自摆围线画线连接前下裆线。

②在前中心线与横裆线的角分线上，设定值4cm设置前裆弧线角分线点，自横裆线与前下裆线交点、经前裆弧线角分线点至前中心线画前裆弧线。

3. **绘制后裆弧线**

①以腰围线为基点，沿后中心线向右取直裆数值27cm，垂直于后中心线画横裆线。沿横裆线向下取横裆宽×2/3=12cm，平行于后中心线，自横裆线至摆围线画后下裆线，垂直于后中心线，自摆围线画线连接后下裆线。

②在后中心线与横裆线的角分线上，设定值5cm设置后裆弧线角分线点，自横裆线与后下裆线交点、沿横裆线向上4cm处开始，经后裆弧线角分线点至后中心线画后裆弧线。

4. **标注丝缕线和样板名称** 横向平行于前中心线画丝缕线，线两端标上箭头，在丝缕线上标注样板名称（或人名）、款号、号型、裙片名称（图2-11-1）。

二、360° 大摆A型裙裤的基本板型（图2-11-1）

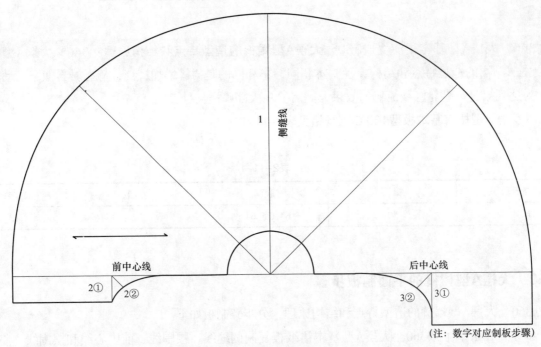

图2-11-1　大摆A型裙裤（160/64Y）

三、360° 大摆A型裙裤的坯布缝制效果（图2-11-7）

　　360° 大摆A型裙裤前下裆（图2-11-2），360° 大摆A型裙裤后下裆（图2-11-3），360° 大摆A型裙裤前面（图2-11-4），360° 大摆A型裙裤侧面（图2-11-5），360° 大摆A型裙裤后面（图2-11-6）。

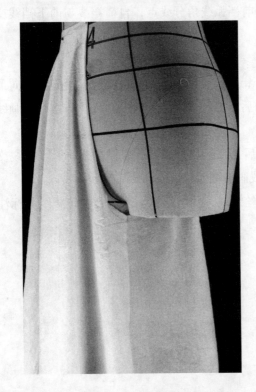

图2-11-2　前下裆

图2-11-3　后下裆

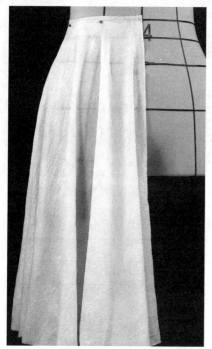

图2-11-4 前面   图2-11-5 侧面   图2-11-6 后面

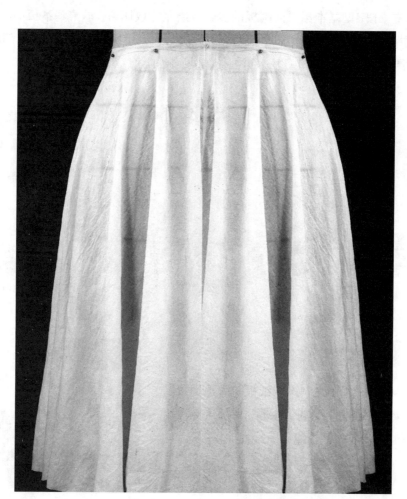

图2-11-7 360° 大摆A型裙裤

第十二节 A型一片裙与基本板型

A型一片裙的造型特点和结构原理： A型一片裙前片为H型或小摆A型、后片为中摆A型或大摆A型，面料的幅宽（纬纱向）有局限性，幅长（经纱向）无局限性，A型一片裙运用面料的幅宽为裙身前片长度，幅长为裙身后片可任意设计长度。

A型一片裙基本板型160/64Y规格见表2-12-1。

表2-12-1 单位: cm

测量部位	前身裙长	后身裙长	腰围
尺寸	100	165	64+0.5=64.5

一、A型一片裙的平面制板步骤

依据小摆A型基本裙和大摆A型基本裙的造型特点和结构原理，分步骤制板如下。

1. **合并腹部腰省** 按H型基本裙平面制板的步骤，绘制完成H型基本裙基本板型，在板纸上按H型基本裙纸板，复制前中心线、腰围线、腹部腰省线（图2-12-1），用H型基本裙纸板腹部腰省线，合并、对齐板纸上的腹部腰省线，在板纸上按H型基本裙纸板，复制腰围线、胯骨顶端腰省线（图2-12-2）。

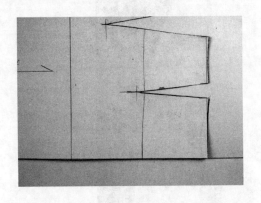

图2-12-1

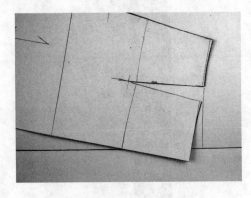

图2-12-2

2. **合并胯骨顶端腰省** 用H型基本裙纸板胯骨顶端腰省线，合并、对齐板纸上的胯骨顶端腰省线，在板纸上按H型基本裙纸板，复制腰围线、侧缝线（图2-12-3）。

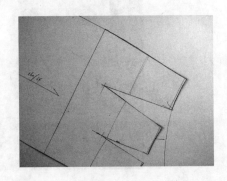

图2-12-3

3. **合并侧缝胯部腰省** 用H型基本裙后片纸板侧缝胯部腰省线，合并、对齐板纸上的前片侧缝胯部腰省线，在板纸上按H型基本裙纸板，复制腰围线、后侧臀部腰省线（图2-12-4）。

4. **合并后侧臀部腰省** 用H型基本裙纸板后侧臀部腰省线，合并、对齐板纸上的后侧臀部腰省线，在板纸上按H型基本裙纸板，复制腰围线、后中臀部腰省线（图2-12-5）。

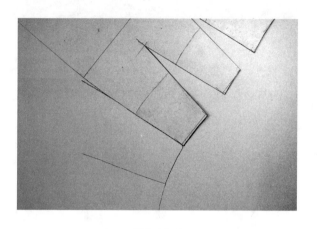

图2-12-4

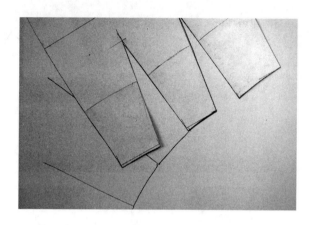

图2-12-5

5. **合并后中臀部腰省** 用H型基本裙纸板后中臀部腰省线，合并、对齐板纸上的后中臀部腰省线，在板纸上按H型基本裙纸板，复制腰围线、后中心线（图2-12-6、图2-12-7）。

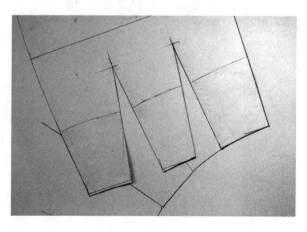

图2-12-6

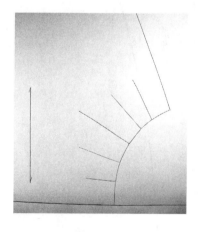

图2-12-7

6. **裙身长度的设置** 以腰围线为基点，取前身裙长100cm、后身裙长165cm绘制摆围线。裙身长度视设计效果需立体裁剪。

7. **标注丝缕线和样板名称** 垂直于前中心缝线画丝缕线，线两端标上箭头，在丝缕线上标注样板名称（或人名）、款号、号型、裙片名称。

二、A型一片裙的基本板型（图2-12-8）

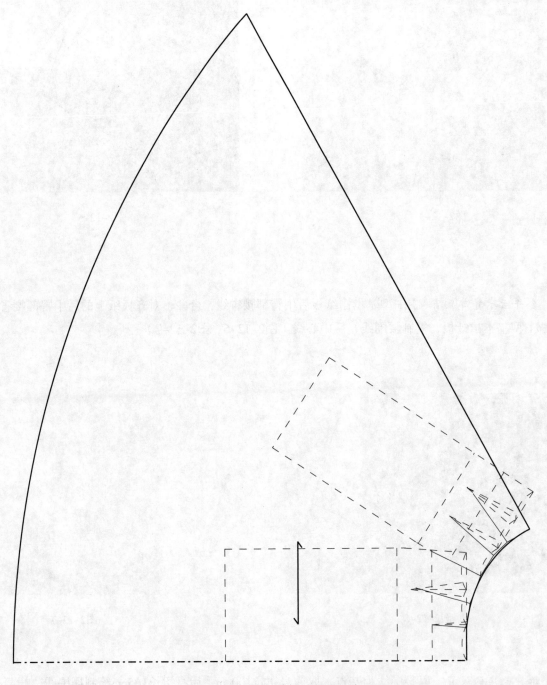

图2-12-8 A型一片裙（160/64Y）

三、A型一片裙的坯布缝制效果

A型一片裙前面（图2-12-9），A型一片裙后面（图2-12-10），A型一片裙侧面（图2-12-11）。

图2-12-9　前面

图2-12-10　后面

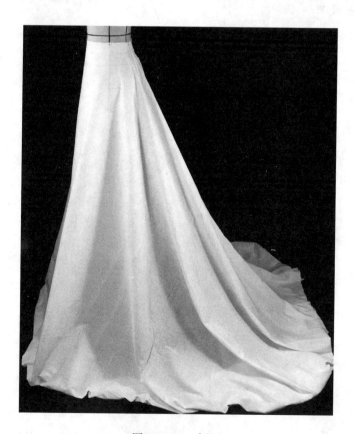

图2-12-11　侧面

四、A型拖尾一片裙的制板方法和结构原理

1. **后片裙身拖尾长度可任意设置的制板方法** 测量H型基本板后片腰围的宽度，以后片腰围宽度数值在板纸上画正方形，将正方形分成四等份剪开成纸板，第一等份纸板外侧边线与板纸前片侧缝线合并，对齐腰围线，第四等份纸板外侧边线与前中心线构成直角（图2-12-12），纸板上方相连，下方在板纸上均匀展开，按纸板上方和第四等份纸板外侧边线，在板纸上画腰围线和后中心线（图2-12-13），任意设置A型一片裙拖尾的长度。

2. **后片裙身拖尾长度可任意设置的结构原理** 从图2-12-2中可以看到：垂直于前中心线（纬纱向）标丝缕线，后中心线为斜线，后片裙身长度的设置受到局限，只有将后中心线（经纱向）调整与前中心线构成直角后，才可任意设置后片裙身拖尾的长度。

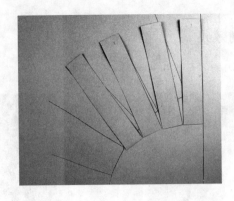 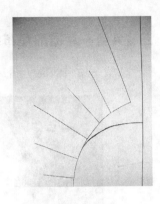

图2-12-12　　　　　　　　　　图2-12-13

五、A型拖尾一片裙的基本板型（图2-12-14）

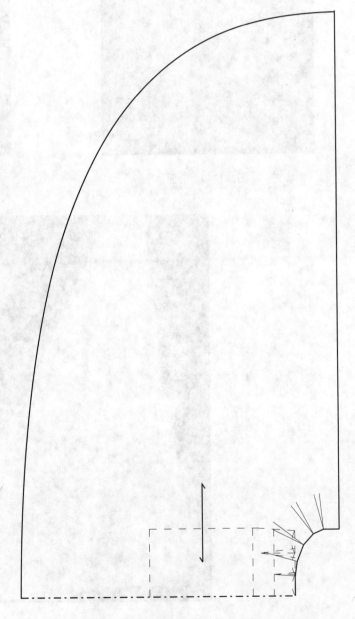

图2-12-14　A型拖尾一片裙（160/64Y）

第十三节　X型基本裙与基本板型

X型基本裙的造型特点和结构原理：以膝高线为基准，上部裙身为V型、下部裙身为A型进行组合形成X型基本裙。X型基本裙有两种基本结构处理方式：一种是横向结构处理方式，在膝高线处设置横向结构线，结构线上部用V型基本裙基本板型处理裙身，结构线下部用小摆A型基本裙、中摆A型基本裙或大摆A型基本裙基本板型处理裙身；另一种是纵向结构处理方式，在腿部前中心线处、胯部侧缝处、腿部后中心线处设置纵向结构线，以膝高线为基准，上部将裙基本型各部位塑型省，转移至纵向结构线进行塑型。下部则从纵向结构线处加放摆量形成A型裙摆。

X型基本裙基本板型160/64Y规格见表2-13-1。

表2-13-1

单位：cm

测量部位	裙长	臀下围高	腰围	腹围	臀围	膝高	膝围	摆围
尺寸	90	15	64+0.5=64.5	79+1=80	88+2=90	51	74	194

一、X型基本裙的平面制板步骤

依据X型基本裙的造型特点及结构原理，分步骤制板如下。

1. **前中心线**　板纸下方向上距板纸边2~3cm处，画前中心线。

2. **腰围线**　板纸右方距板纸边2~3cm处，垂直于前中心线画腰围线。

3. **臀围线**　以腰围线为基线向左，取臀下围高数值15cm，垂直于前中心线画臀围线。

4. **腹围线**　在腰围线至臀围线之间1/2处，垂直于前中心线画腹围线。

5. **膝高线**　以腰围线为基线向左，取膝高数值51cm–4cm（设计数值）=47cm，垂直于前中心线画膝高线。

6. **裙长线**　以腰围线为基线向左，取裙长数值90cm，垂直于前中心线画裙长线。

7. **后中心线**　以前中心线与臀围线交点为基点，沿臀围线向上，取臀围成品尺寸90cm÷2=45cm，垂直臀围线，自裙长线至腰围线画后中心线。

8. **侧缝辅助线**

①以前中心线与臀围线交点为基点，沿臀围线向上，取臀围成品尺寸90cm÷4+0.5cm=23cm，垂直于臀围线，自裙长线至腰围线前侧缝辅助线。

②以后中心线与臀围线交点为基点，沿臀围线向下，取臀围成品尺寸90cm÷4–0.5cm=22cm，垂直于臀围线，自裙长线至腰围线画后侧缝辅助线。

9. **腿部前中心线**　以前中心线与臀围线交点为基点，沿臀围线向上，距前中心线9~10cm，垂直于臀围线，自裙长线至腰围线画腿部前中心线。

10. **腿部后中心线**　以后中心线与臀围线交点为基点，沿臀围线向下，距臀部中心位置垂直于臀围线，自裙长线至腰围线画腿部后中心线。

11. **臀高线**　臀围线向左，距臀围线9cm，垂直于后中心线，自后中心线至后侧缝辅助线画臀高线。

12. **设置腹部、胯部、臀上部腰省的塑型省量**　已知一个腹部有两个省，两个胯部共有四个省，两个臀部共有四个省，将臀围与腰围之差量分成10等份，即（90cm – 64.5cm）÷ 10=2.55cm为平均省量，视腹部、胯部、臀部曲面的大小设置省量：人台腹部曲面较平，腹部腰省设分配省量1cm；胯部曲面较大，设分配省量5.8cm，其中：胯骨顶端腰省设分配省量3cm，侧缝胯部腰省设分配省量2.8cm；臀部曲面较大，设分配省量6cm，其中：后中臀部腰省设分配省量3cm，后侧臀部腰省设分配省量3cm；臀下部省设分配省量4cm；侧缝大腿省设分配省量5cm。

13. 设置腹部、胯部、臀上部腰省的省道位置、省长、省型线

①腹部腰省：以腿部前中心线与腰围线交点为基点，沿腿部前中心线12cm处设置省尖点；以腿部前中心线与腰围线交点为基点，沿腰围线向下，取腹部分配省量1cm设置省起点，自省起点至省尖点画腹部腰省。

②胯骨顶端腰省：以腿部前中心线与腰围线交点为基点，沿腰围线向上，取胯骨顶端分配省量的3cm – 1cm=2cm设置省起点，自省起点至腹部腰省尖点画胯骨顶端腰省。

③前侧缝胯部腰省与前侧缝线：自腰围线沿前侧缝辅助线取省长13.5cm设置省尖点，以腰围线与前侧缝辅助线交点为基点，沿腰围线向下，取侧缝胯部腰省分配省量（2.8cm ÷ 3≈1cm）＋胯骨顶端分配省量（3 – 2=1cm）=2cm设置省起点，自省起点至省尖点画前侧缝线。

④后侧缝胯部腰省与后侧缝线：自腰围线沿后侧缝辅助线取省长13.5cm设置省尖点，以腰围线与后侧缝线交点为基点，沿腰围线向上，取侧缝胯部腰省分配省量2.8cm – 1cm=1.8cm设置省起点，自省起点至省尖点画后侧缝线。

⑤后中臀部腰省：以腿部后中心线与腰围线交点为基点，沿腿部后中心线13cm处设置省尖点。以腿部后中心线与腰围线交点为基点，沿腰围线向下，取后中臀部腰省分配省量3cm设置省起点，自省起点至省尖点画后中臀部腰省。

⑥后侧臀部腰省：以腿部后中心线与腰围线交点为基点，沿腰围线向上，取后侧臀部腰省分配省量3cm设置省起点，自省起点至省尖点画后侧臀部腰省。

14. 设置臀下部省、侧缝大腿省的省道位置、省长、省型线

①臀下部省与腿部后中心线：以腿部后中心线与臀围线交点为基点，沿腿部后中心线向左1.5cm处设置省尖点。以腿部后中心线与膝高线交点为基点，沿膝高线上下，各取臀下部省分配省量的1/2=2cm设置省起点。以腿部后中心线与臀高线交点为基点，沿臀高线上下，各取臀高线处1/2臀下部省量即0.75cm设置臀高点，自省起点经臀高点至省尖点画腿部后中心线。

②侧缝大腿省与前后侧缝线：以前后侧缝辅助线与臀围线交点为基点，沿臀围线向左1cm处设置省尖点。以前后侧缝线与膝高线交点为基点，沿膝高线上下，各取侧缝大腿省分配省量的1/2=2.5cm设置省起点，分别自省起点至省尖点画前后侧缝线。

15. 加放裙摆围度量　取摆围数值（194cm）– 膝围数值（74cm）=增加裙摆围度量数值（120cm）。

①腿部前中心线加放裙摆围度量：以腿部前中心线与裙长线交点为基点，沿裙长线上下，各取裙摆围度加放量的1/6即20cm，分别自裙长线至腿部前中心线与膝高线交点画腿部前中心线。

②前后侧缝线加放裙摆围度量：垂直于前后侧缝大腿省，在裙长线上设置前后侧缝摆围点，以前后侧缝摆围点为基点，沿裙长线上下，各取裙摆围度加放量的1/6即20cm，分别自裙长线至前后侧缝线与膝高线交点画前后侧缝线。

③腿部后中心线加放裙摆围度量：垂直臀下部省，在裙长线上设置臀下部摆围点，以臀下部摆围点为基点，沿裙长线上下，各取裙摆围度加放量的1/6即20cm，分别自裙长线至腿部后中心线与膝高线交点画腿部后中心线。

16. **修顺腰围线**　剪开腿部前中心线、前后侧缝线、腿部后中心线，以臀围线为基点，沿腿部前中心线合并前中、前侧两片板；沿前后侧缝线合并前侧、后侧两片板；沿腿部后中心线合并后侧、后中两片板，画弧线修顺腰围线（图2-13-1）。

17. **修顺裙摆围线**　以膝高线为基点，沿腿部前中心线合并前中、前侧两片板；沿前后侧缝线合并前侧、后侧两片板；沿腿部后中心线合并后侧、后中两片板，画弧线修顺裙摆围线（图2-13-2）。

 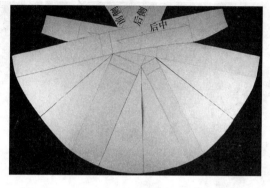

图2-13-1　　　　　　　　　图2-13-2

18. **标注丝缕线和样板名称**　将裙前中、前侧、后中、后侧裙片分别剪成净板，垂直于臀围线画丝缕线，线两端标上箭头，在丝缕线上标注板型名称（或人名）、款号、号型、裙片名称。

二、X型基本裙的基本板型（图2-13-3）

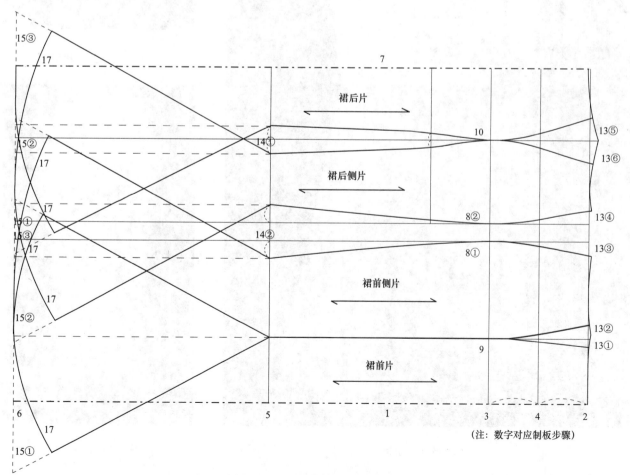

（注：数字对应制板步骤）

图2-13-3　X型基本裙（160/64Y）

三、X型基本裙的坯布缝制效果

X型基本裙前面（图2-13-4），X型基本裙侧面（图2-13-5），X型基本裙后面（图2-13-6）。

说明：如果人台的两侧胯部大小不对称，会影响裙身左右线条及裙摆的不对称，应当在操作前修正人台。

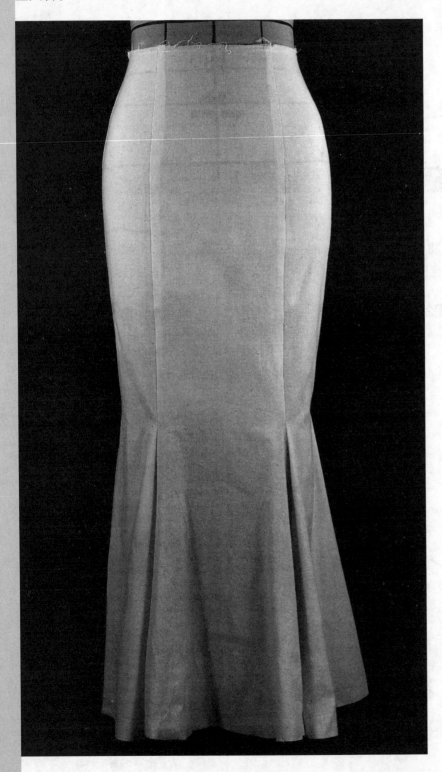

图2-13-4 前面

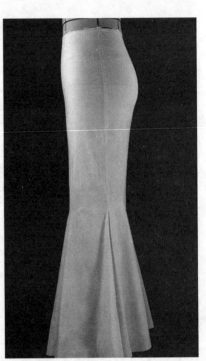

图2-13-5 侧面

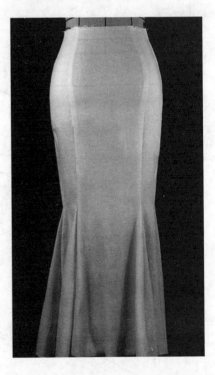

图2-13-6 后面

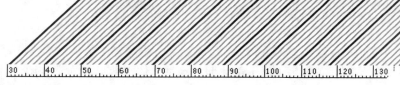

第三章 裤基本型

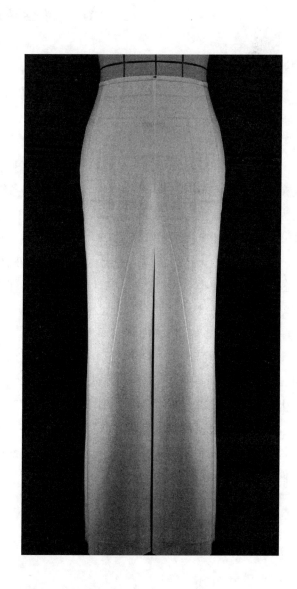

裤基本型是用板布包裹人体下部体型，经过立体裁剪形成的基本型。裤基本板型是裤基本型由立体造型后展开成平面所形成的基本形状，如人体的第二层皮肤，承载着裤基本板型形成的结构原理。在裤基本型的基础上，可以演变成**两种基本造型裤**：

一种是臀上部塑型裤、臀下部不塑型裤的基本造型及板型（统称：**臀上部塑型裤**），适用于臀下部不塑型裤的造型与结构设计和板型的处理，如V型的锥型裤、H型的大脚口裤裙、A型的大脚口裤裙、A型与V型组合的罗卜（哈伦）裤、马裤等裤型，这类裤型的特点：臀下部不塑型，后片烫迹线以臀尖为起始点至脚口。

另一种是臀上部和臀下部都需塑型裤的基本造型裤及板型（统称：**臀上下部塑型裤**），适用于臀上下部都需塑型裤的造型与结构设计和板型的处理，如：H型的铅笔裤、X型的喇叭裤等裤型，这类裤型的特点：臀下部塑型，后片烫迹线以大腿根为起始点至脚口。

本章采用立体裁剪的方式，重点描述裤基本型形成的立裁步骤和结构原理，以及依据裤结构原理，臀上部塑型和臀上下部塑型两种基本造型裤基本板型平面制板的步骤。

第一节　裤基本型形成的立裁方法

一、裤基本型形成的立裁方法

下面通过详细的立裁步骤来演示"裤基本型"的形成过程。

1. 前片板布定位

①取一块长55cm、宽33cm全棉坯布，熨烫平整，平放在案板上，板布下方向上、板布中心处，画一条纵向直线为前烫迹线。板布右方向左11cm处，垂直于前烫迹线画一条横向直线为腹围水平线。

②板布放上人台，腹围水平线、前烫迹线分别与人台腹围线、腿部前中心线相重叠，在人台前中心腹部最高处和侧缝胯部最高处，分别用珠针固定（图3-1-1）。

2. 前侧缝胯部腰省和前侧缝线的形成

①板布与侧面腰部、胯部之间相贴合，不要出现多余量，用珠针固定，按人台侧缝标示线和臀围标示线，在板布上标明臀围线以上前侧缝线和臀围线（图3-1-2）。

②板布与大腿侧面之间相贴合，不要出现多余量，用珠针固定，按人台侧缝标示线，在板布上标明臀围线以下前侧缝线（图3-1-3）。

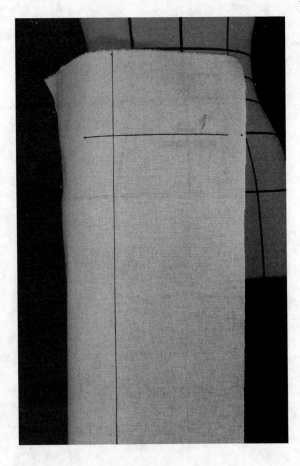

图3-1-1

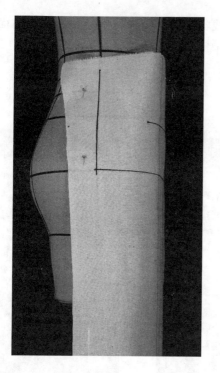

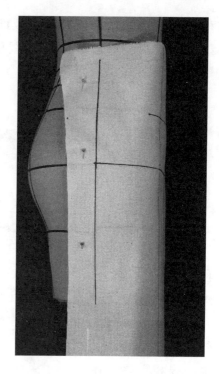

图3-1-2　　　　　　　　　　　　　　　　　　图3-1-3

3. **腹部腰省和前裆内撇线的形成**　板布与腹部之间相贴合，用珠针固定，按人台前中心标示线，在板布上标明前裆内撇线（图3-1-4）。

4. **胯骨顶端腰省的形成**　板布与腰部、胯部之间相贴合，多余量离胯部最高处3cm左右，顺丝缕掐省，用珠针固定，在板布上标明省型线（图3-1-5），按人台下腰围标示线和腹围标示线，在板布上标明腰下围线和腹围线（图3-1-6）。

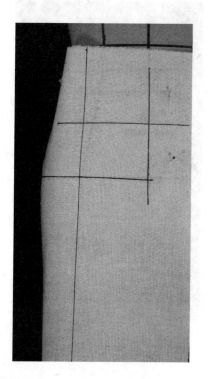

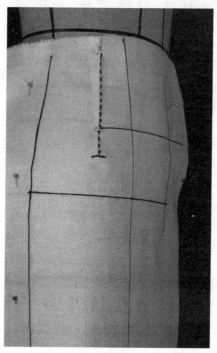

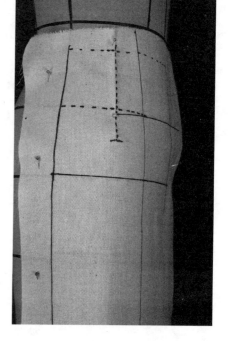

图3-1-4　　　　　　　　　　图3-1-5　　　　　　　　　　图3-1-6

5. **前裆的形成**　按人台前裆部位置，板布剪裁成弧线状（图3-1-7），与大腿根围至前横裆相贴合，用珠针固定（图3-1-8），按人台下裆标示线和前大腿根围标示线，在板布上标明前裆弧线、横裆线和前下裆线（图3-1-9、图3-1-10）。

6. **后片板布定位**

①取一块长55cm、宽36cm全棉坯布，熨烫平整，平放在板台上，于板布宽边中间处，沿板布长边画一条纵向直线为后烫迹线。于距离板布宽边20cm处，垂直后烫迹线画一条横向直线为臀围水平线。

②板布放上人台，臀围水平线和后烫迹线与人台臀围线和腿部后中心线相重叠，在人台后中心线、臀部和后侧缝胯部最高处，分别用珠针固定（图3-1-11）。

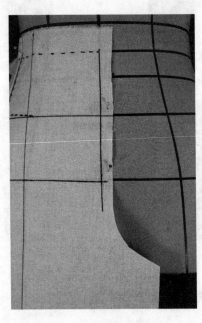
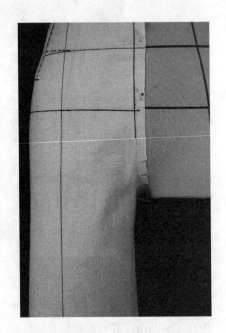

图3-1-7　　　　　　　　　　　　　图3-1-8

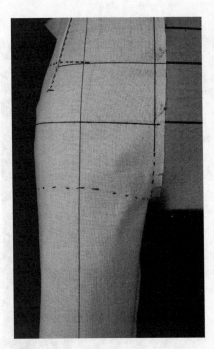
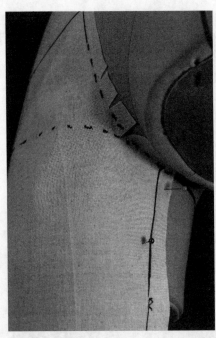
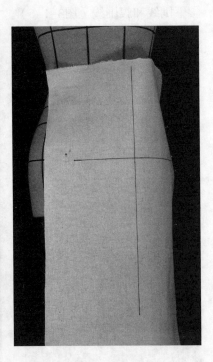

图3-1-9　　　　　　　图3-1-10　　　　　　　图3-1-11

7. **后裆直线的形成**　板布与后腰部之间相贴合，用珠针固定，按人台后中心标示线，在板布上标明后裆直线（图3-1-12）。

8. **后侧缝胯部腰省和后侧缝线的形成**　板布与侧面大腿之间相贴合，不要出现多余量，用珠针固定，按人台侧缝标示线，在板布上标明下侧缝线。板布与侧面腰部、胯部之间相贴合，不要出现多余量，用珠针固定，按人台侧缝标示线，在板布上标明上后侧缝线（图3-1-13）。

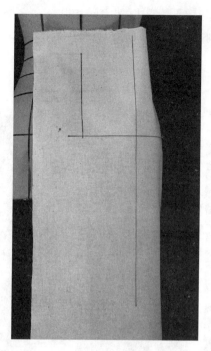 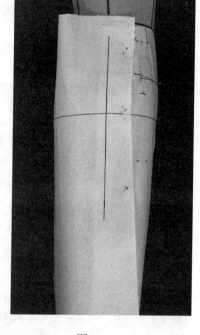

图3-1-12　　　　　　　　　　图3-1-13

9. **臀上部腰省的形成**　板布与后腰部、臀上部之间相贴合，多余量离臀部最高处3cm左右，顺丝缕分别掐出两个省（图3-1-14），用珠针固定，在板布上标明省型线（图3-1-15），按人台腹围标示线和腰下围标示线，在板布上标明腹围线和腰下围线（图3-1-16）。

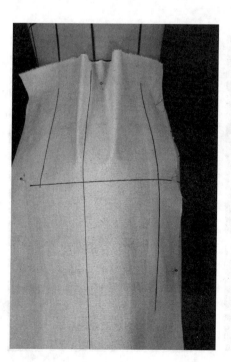 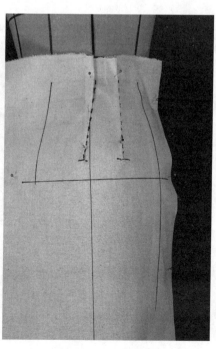 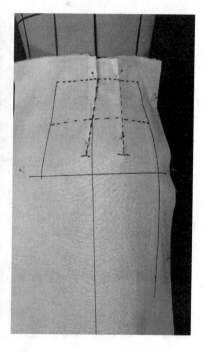

图3-1-14　　　　　　　　　　图3-1-15　　　　　　　　　　图3-1-16

10. **后裆的形成** 按人台后裆部位置，板布剪裁成弧线（见照片3-1-17），顺大腿围至后横裆相贴合，用珠针固定（图3-1-18），按人台后裆标示线，在板布上标明后裆弧线（图3-1-19）和后下裆线（图3-1-20）。

11. **臀下部省的形成** 板布与臀下大腿根部之间相贴合，多余量离臀下部最高处1.5cm左右，顺丝缕掐省，用珠针固定，在板布上标明省型线（图3-1-21），按人台后大腿根围标示线，在板布上标明臀高线（图3-1-22）。

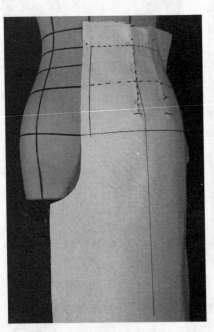

图3-1-17

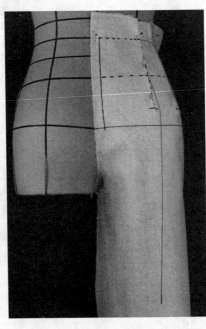

图3-1-18

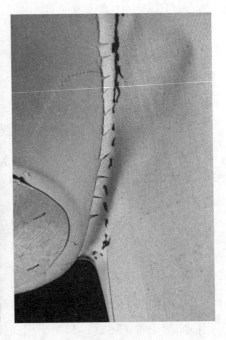

图3-1-19

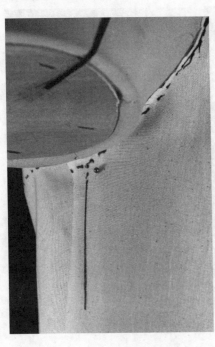

图3-1-20

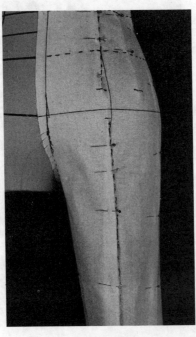

图3-1-21

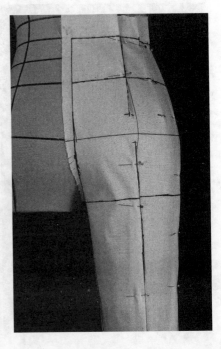

图3-1-22

二、立体裁剪成型后的"裤基本型"

裤基本型前面（图3-1-23），裤基本型侧面（图3-1-24），裤基本型后面（图3-1-25），裤基本型下裆部（图3-1-26）。

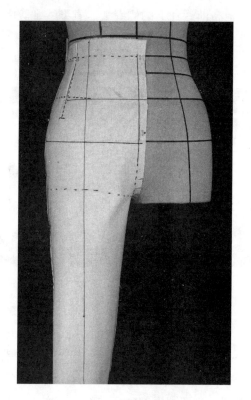

图3-1-23 前面

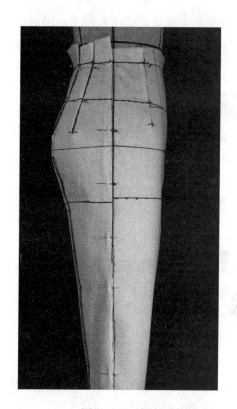

图3-1-24 侧面

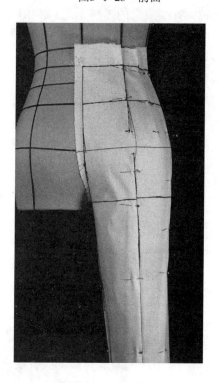

图3-1-25 后面

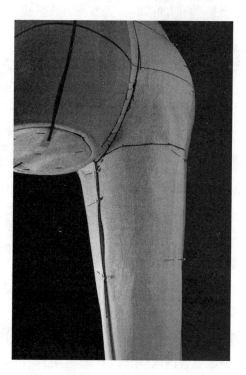

图3-1-26 下裆部

第二节　裤基本型形成的结构原理

板布自人台上取下熨平，放在案板上，用制板专用尺将板布前后片上的侧缝线、省型线、腹围线、腰下围线、横裆线和下裆线修饰画顺（图3-2-1、图3-2-2）。

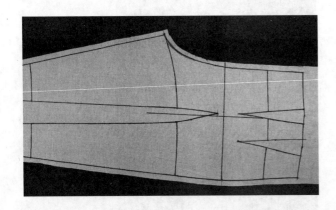

图3-2-1

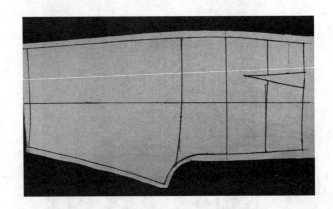

图3-2-2

塑型省的形成

板布在人台上以掐省的方式，收缩臀围与腰围之差量，与腹部、胯部、臀部曲面相贴合，形成九个塑型省。省道位置依腹部、胯部、臀部曲面的部位而定。省量依腹部、胯部、臀部曲面的大小而定。省长依腹部、胯部、臀部曲面距腰围线的高低而定。省型线依腹部、胯部、臀部的形态特征而变化：曲面较平时，省型线为直线；曲面凹陷时，省型线为外弧线；曲面凸突时，省型线为内弧线（图3-2-3）。

图3-2-3

1. **腹部腰省与前裆内撇线**　腹部处在人体的中间位置，人台腹部较平（图3-2-4），在板布的前裆直线上，自腰下围线至臀围线形成一个省道，省量1cm、省长15cm，省型线为直线；腹部腰省线又称为前裆内撇线（图3-2-5）。

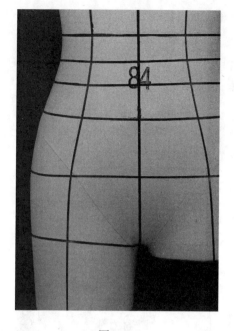
图3-2-4

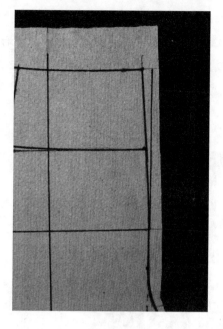
图3-2-5

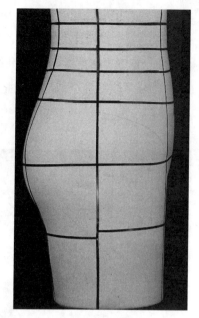
图3-2-6

　　2. **胯部腰省与侧缝线**　胯部处在人体的侧面（图3-2-6），板布自腰下围线至胯部曲面形成两个省道：一个省道的位置处在人体正面到侧面的转折处，形成胯骨顶端腰省，省量2.8cm、省长12cm，省型线自腰下围线至省尖/2处为直线，再从省尖/2处至省尖渐变为内弧线（图3-2-7）；另一个省道的位置处在胯部侧缝线处，形成侧缝胯部腰省，由前后片共同组成，前片省量0.8cm、省长12cm，省型线自腰下围线至省尖/2处为直线，再从省尖/2处至省尖渐变为内弧线；后片省量1cm、省长13cm，省型线自腰下围线至省尖/2处为直线，再从省尖/2处至省尖渐变为内弧线；侧缝胯部腰省线又称为侧缝线（图3-2-8）。

　　3. **臀上部腰省**　臀部处在人体的后面（图3-2-9），板布自腰下围线至臀部曲面形成两个省道，靠后

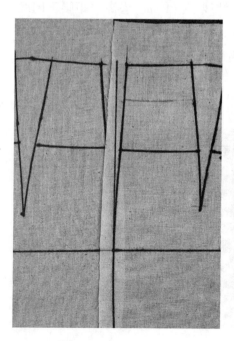
图3-2-7

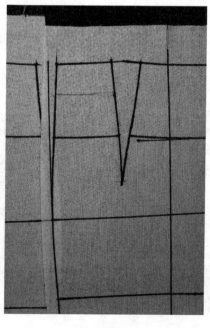
图3-2-8

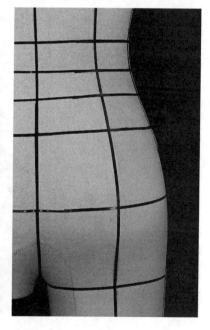
图3-2-9

裆直线的后中臀部腰省，省量2.8cm、省长13.5cm；靠后侧缝的后侧臀部腰省，省量3.2cm、省长13.5cm；两个省的省型线自腰下围线至省尖/2处为直线，再从省尖/2处至省尖渐变为内弧线（图3-2-10）。

4. **臀下部省**　板布从膝高线至臀部曲面形成一个省道（图3-2-11），省量4.55cm、省长38 cm，省型线自膝高线经臀高线处，省量逐步缩小为2.5cm，省型线为直线，再从臀高线至省尖渐变为内弧线（图3-2-12）。

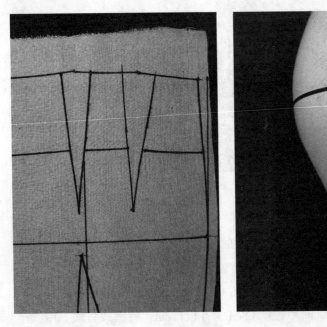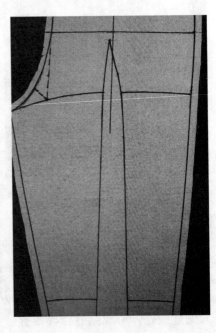

图3-2-10　　　　　　　　　　图3-2-11　　　　　　　　　　图3-2-12

5. **裤裆的形成**

①横裆线与臀高线：前横裆线距腰下围线24cm，前横裆线距横裆线下落1cm。臀高线距腰下围线26cm，距前横裆线下落1cm，横裆线与臀高线不在同一条线上（图3-2-13）。

②横裆宽：大腿根围度量50cm，前横裆宽6cm，后横裆宽6cm，横裆宽总量12cm，约等于大腿根围度量的1/4（图3-2-14）。

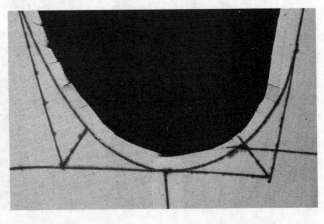

图3-2-13　　　　　　　　　　　　　　　图3-2-14

③裤裆弧长：裤裆由前裆内撇线、前裆弧线、后裆直线、后裆弧线构成裤裆弧长，前裆弧线的角分量2cm，后裆弧线的角分量2.5cm，裤裆弧长61cm（图3-2-15）。

④后腰围起翘线：后腰围起翘量依据裤裆弧长和臀高的变化而变化，不是以定值设置后腰围起翘量。

6. 腰围线与省的变化

①立体状况下省与腰围水平线保持垂直时，基本型展开后的每条省型线与腰围线均构成直角，省型线的斜度与起翘量，随着省量的大小而变化。

②立体状况下纵向结构线与腰围水平线保持垂直时，侧缝胯部腰省的省量分配，前片占侧缝胯部腰省量的1/3，后片占侧缝胯部腰省量的2/3。

③腹部腰省、胯骨顶端腰省、臀上部腰省的省量分配，均以省中心线平分（图3-2-16）。

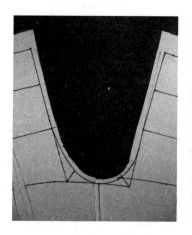

图3-2-15

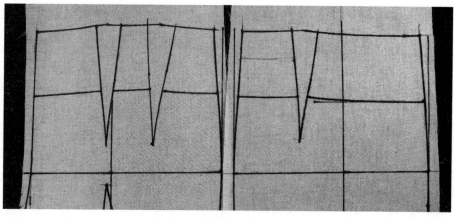

图3-2-16

第三节　臀上部塑型裤与基本板型

臀上部塑型裤基本板型160/64Y规格见表3-3-1。

表3-3-1　　　　　　　　　　　　　　　　　　　单位：cm

测量部位	尺寸	测量部位	尺寸	测量部位	尺寸
裤长	98	直裆	24	大腿根围	50+4=54
腰围	64+0.5=64.5	臀高	26	膝高	51
腹围	79+2=81	裆落差	1	膝围	36+14=50
臀下围高	15	横裆宽	13	脚口围	50
臀围	88+3=91	裆弧长	61		

注　横裆宽数值取大腿根净围度量的1/4比例值设置。

一、臀上部塑型裤前片的平面制板步骤

依据裤基本型的结构原理，分步骤制板如下（提示：制板数据采用小数点后一位数，小数点后两位数

四舍五入）。

1. **前侧缝辅助线** 板纸下方距板纸边2～3cm处，画前侧缝辅助线。

2. **腰围线** 板纸右方距板纸边2～3cm处，垂直于前侧缝辅助线画腰围线。

3. **臀围线** 以腰围线为基点向左，取臀下围高数值15cm，垂直于前侧缝辅助线画臀围线。

4. **腹围线** 腰围线至臀围线之间1/2处，垂直于前侧缝辅助线画腹围线。

5. **横裆线** 以腰围线为基点向左，取直裆数值24cm，垂直于前侧缝辅助线画横裆线。

6. **膝高线** 以腰围线为基点向左，取膝高数值51cm，垂直于前侧缝辅助线画膝高线。

7. **脚口线** 以腰围线为基点向左，取裤长数值98cm，垂直于前侧缝辅助线画脚口线。

8. **前裆直线** 以前侧缝辅助线为基点，沿臀围线向上，取成品臀围数值91cm÷4－1cm=21.8 cm，垂直于臀围线画前裆直线，连接横裆线与腰围线。

9. **前裆宽** 以前裆直线与横裆线交点为基点，沿横裆线向上，取横裆宽比例数值12.5cm×0.2＋1cm=3.5cm设置前裆宽点。

10. **前烫迹线**

①以前侧缝辅助线为基点，沿横裆线向上，设定值0.2cm设置前侧缝线点（提示：0.2cm设定值视膝围量设定的大小而定，膝围量设定大时，设定值则小；膝围度量设定小时，设定值则大）。

②前侧缝线点至前裆宽点之间1/2处，垂直于横裆线，自腰围线至脚口线画前烫迹线。

11. **前侧缝线**

①以前烫迹线为基点，沿脚口线向下，取脚口围分配数值〔(50cm÷2)－2cm〕÷2=11.5cm设置前外脚口点。以前烫迹线为基点，沿膝高线向下，取膝围分配数值〔(50cm÷2)－2cm〕÷2=11.5cm设置前外膝高点，自前外脚口点至前外膝高点画前侧缝线。

②自前外膝高点经前侧缝线点、至臀围线与前侧缝辅助线交点画前侧缝线。

12. **前下裆线**

①以前烫迹线为基点，沿脚口线向上，取脚口围分配数值〔(50cm÷2)－2cm〕÷2=11.5cm设置前内脚口点，以前烫迹线为基点，沿膝高线向上，取膝围分配数值〔(50cm÷2)－2cm〕÷2=11.5cm设置前内膝高点，自前内脚口点至前内膝高点画前下裆线。

②自前内膝高点至前裆宽点画前下裆线。

13. **前裆弧线**

①前裆下落线：以前裆直线与横裆线交点为基点，沿前裆直线向左设定值1cm设置前裆下落点，自前烫迹线与横裆线交点、经前裆下落点至前下裆线画前裆下落线。

②前裆弧线：在前裆下落线与前裆直线的角分线上，设定值2cm设置前裆弧线角分线点，自前裆下落线与前下裆线交点、经前裆弧线角分线点至臀围线画前裆弧线。

14. **腹部、胯部、臀部塑型省量的设置分配** 已知腹部一个省道，胯部四个省道，臀部四个省道，将臀围与腰围之差量分成九等份，即（91cm－64.5cm）÷9=2.9cm为平均省量，视腹部、胯部、臀部曲面的大小设置省量：人台腹部曲面较平，设分配省量2cm；胯部曲面较大，胯骨顶端腰省设分配省量3.4 cm，侧缝胯部腰省设分配省量2.4cm；臀部曲面较大，臀上部两个省道，后中臀部腰省设分配省量3cm，后侧臀部腰省设分配省量3.4cm。

15. **设置腹部和胯部腰省道位置、省长、省型线**

①腹部腰省与前裆内撇线：前裆直线沿腰围线向下，取腹部腰省分配省量2cm÷2=1cm设置腹部腰

省起点，臀围线沿前裆直线向右1cm处设置腹部腰省尖点，自腹部腰省起点至腹部腰省尖点画前裆内撇线。

②侧缝胯部腰省与前侧缝线：前侧缝辅助线沿腰围线向上，取侧缝胯部腰省分配省量的1/3即0.8cm设置省起点，臀围线沿前侧缝辅助线向右3cm处设置省尖点，自省起点至省尖点画前侧缝线。

③胯骨顶端腰省：沿腰围线自侧缝胯部腰省与前烫迹线1/2处，垂直于腰围线画直线为省中心线，省长12.5cm设置省尖点，沿腰围线省中心线上下，各取胯骨顶端腰省分配省量3.4cm÷2=1.7cm设置省起点，分别自省起点至省尖点画胯骨顶端腰省。

二、臀上部塑型裤前片的基本板型（图3-3-1）

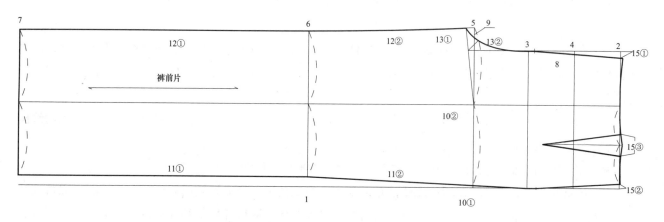

图3-3-1　臀上部塑型裤前片（160/64Y）（注：数字对应制板步骤）

三、臀上部塑型裤后片的平面制板步骤

（注：制板步骤序号接排裤前片的序号。）

16. **后烫迹线**　板纸中间左右方向，画后烫迹线。

17. 裤前片板纸上的烫迹线与裤后片板纸上的烫迹线相重叠，将裤前片板纸上的腰围线、腹围线、臀围线、横裆线、膝高线、脚口线分别复制到裤后片板纸上。

18. **后裆直线**

①以裤前片板前裆直线与横裆线交点为基点，沿横裆线向下，设定值2cm设置裤后片后裆直线下中心点，用锥子扎眼，将后裆直线的下中心点，复制到裤后片板纸的横裆复制线上。

②后烫迹线沿腰围复制线向上，设定值4.5cm设置后裆直线上中心点，自后裆直线下中心点至后裆直线上中心点画后裆直线。

19. **后侧缝线**

①以后裆直线与臀围复制线交点为基点，沿臀围复制线向下，取臀围分配数值91cm÷4+1cm=23.8 cm设置后侧缝线点。

②后烫迹线沿脚口线向下，取脚口围分配数值〔（50cm÷2）+2cm〕÷2=13.5cm设置后外脚口点，后烫迹线沿膝高线向下，取膝围分配数值〔（50cm÷2）+2cm〕÷2=13.5cm设置后外膝高点，自后外脚口点至后外膝高点画后侧缝线。

③自后外膝高点至后侧缝线点画后侧缝辅助线，在后外膝高点至横裆复制线之间1/2处、沿后侧缝辅助线向上，设定值0.3cm设置后侧缝弧线点。

④外弧线自后外膝高点、经后侧缝弧线点至后侧缝线点画后侧缝线。

20. **臀高线**　以横裆复制线与后侧缝线交点为基点，沿后侧缝线向左，取裆落差数值1cm，自后侧缝线经前裆下落线与前下裆线交点画臀高线并延长。

21. **后裆宽**

设置方法①：以后烫迹线与臀高线交点为基点，沿臀高线向上，取后烫迹线至后侧缝线之间测量数值16.5cm，设置后裆宽点。

设置方法②：以后裆直线与臀高线交点为基点，沿臀高线向上，取横裆宽比例数值12.5cm×0.8－1cm=9cm，设置后裆宽点（提示：如后烫迹线两边的量有误差不对等时，需调整至对等）。

22. **后下裆线**

①后烫迹线沿脚口线向上，取脚口围分配数值〔(50cm÷2)＋2cm〕÷2=13.5cm设置后内脚口点，后烫迹线沿膝高线向上，取膝围分配数值〔(50cm÷2)＋2cm〕÷2=13.5cm设置后内膝高点，自后内脚口点至后内膝高点画后下裆线。

②自后内膝高点至后裆宽点画后下裆辅助线，在后内膝高点至后裆宽点之间1/2处、沿后下裆辅助线向上，设定值0.3cm设置后下裆弧线点。

③外弧线自后内膝高点、经后下裆弧线点至后裆宽点画后下裆线。

23. **后裆弧线**　在臀高线与后裆直线的角分线上，设定值2.5～3cm设置后裆弧线角分线点，以裤前片前内膝高点、至前裆下落线与前下裆线交点的前下裆线为基点，裤后片后下裆线与裤前片前下裆线对齐，自前裆下落线与前下裆线交点、经后裆弧线角分线点至臀围线画后裆弧线（图3-3-2）。

24. **后腰围线**　以前腰围线为基点，沿前裆内撇线、前裆弧线、后裆弧线、后裆直线，取裆弧长数值61cm设置后腰围线起翘点（图3-3-2），垂直于后裆直线画线与腰围复制线相交（图3-3-3）。

25. **后腹围线**　平行于后腰围线垂直于后裆直线画线与腹围复制线相交。

26. **臀围线**　平行于后腹围线垂直于后裆直线画线与臀围复制线相交。

27. **后侧缝辅助线**　垂直于臀围线自后侧缝线至后腰围线画后侧缝辅助线。

28. **设置胯部和臀部腰省的省道位置、省长、省型线**

①后侧缝胯部腰省与后侧缝线：后侧缝辅助线沿腰围线向上，取侧缝胯部分配省量约1.6cm设置省起

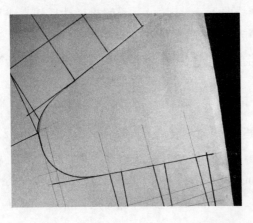

图3-3-2

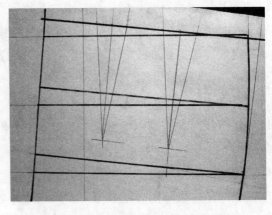

图3-3-3

点，臀围线沿后侧缝辅助线向右4cm处设置省尖点，自省起点至省尖点画后侧缝线。

②后中臀部腰省：沿后腰围线取后裆直线与后侧缝胯部腰省之间1/3处，垂直腰围线画直线为省中心线，省长13cm设置省尖点，沿腰围线省中心线上下，各取后中臀部腰省分配省量3cm÷2=1.5cm设置省起点，分别自省起点至省尖点画后中臀部腰省。

③后侧臀部腰省：沿后腰围线取后侧缝胯部腰省与后裆直线之间1/3处，垂直腰围线画直线为省中心线，省长13.5cm设置省尖点，沿腰围线省中心线上下，各取后侧臀部腰省分配省量3.4cm÷2=1.7cm设置省起点，分别自省起点至省尖点画后侧臀部腰省。

29. 绘制腰围线的步骤

①将前后纸板的前裆内撇线、后裆直线、前后裆弧线、前后下裆线、前后侧缝线、脚口线剪成净板，保留腰围线多余量，剪开各省道一边省型线，各省道省型线对齐合并，用胶带黏合，以前后膝高线为基点，前后板侧缝线对齐合并，用胶带黏合。

②从臀高线沿两个臀部省之间，取臀高数值26cm设置臀高点（图3-3-4）。

③自后腰围起翘线开始，经臀高点，弧线修顺腰围线（图3-3-5）。

 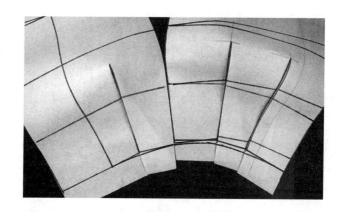

图3-3-4　　　　　　　　　　　　　　　　　　　图3-3-5

④按修顺的腰围线剪净腰围线的多余量，剪开胶带展开板，剪净省量（图3-3-6）。

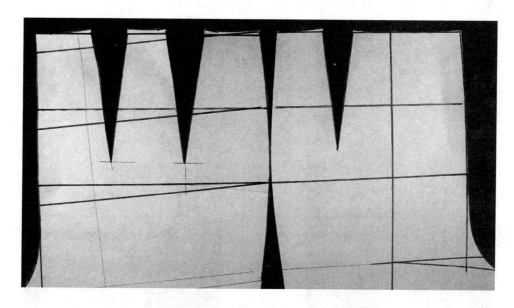

图3-3-6

30. **修正省型线** 沿腹围线测量腹围/2围度量，是否吻合腹围/2数值：81÷2=40.5cm，腹围/2围度量与腹围/2数值有误差时，依据省型线形成的原理，通过修正省型线调整腹围/2围度量：腹围/2围度量与腹围/2数值吻合时，省型线不动；腹围/2围度量大于腹围数值时，外弧线修正省型线缩小腹围/2围度量；腹围/2围度量小于腹围数值时，内弧线修正省型线加大腹围/2围度量。

31. **标注丝缕线** 前片以前烫迹线、后片以后烫迹线为基线画丝缕线，线两端标上箭头，在丝缕线上标注板型名称（或人名）、款号、号型、裤片名称。

四、臀上部塑型裤后片的基本板型（图3-3-7）

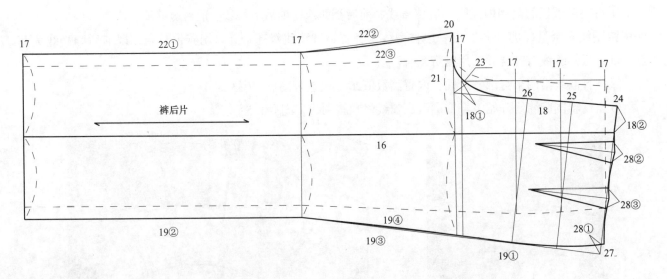

图3-3-7 臀上部塑型裤后片（160/64Y）（注：数字对应制板步骤）

五、臀上部塑型裤的坯布缝制效果（图3-3-13）

臀上部塑型裤前裆（图3-3-8），臀上部塑型裤后裆（图3-3-9），臀上部塑型裤前面（图3-3-10），臀上部塑型裤侧面（图3-3-11），臀上部塑型裤后面（图3-3-12）。

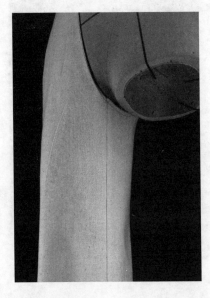

图3-3-8 前裆

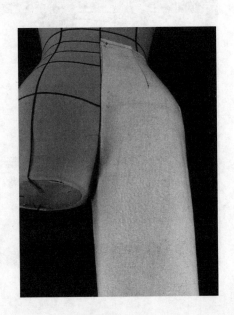

图3-3-9 后裆

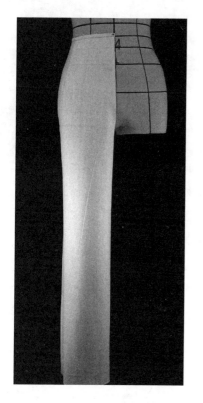

图3-3-10　前面

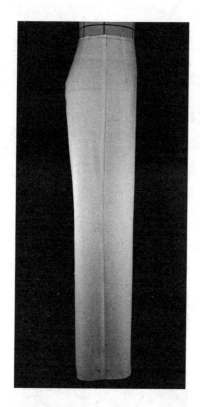

图3-3-11　侧面

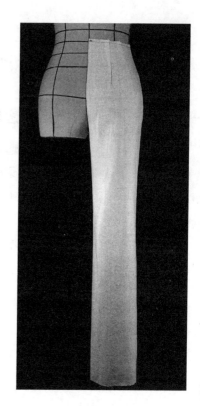

图3-3-12　后面

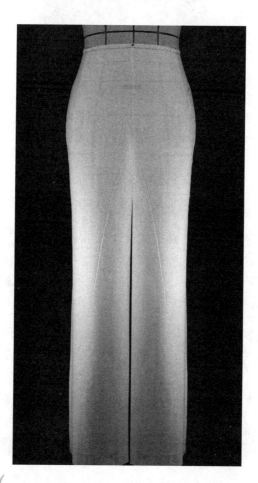

图3-3-13　臀上部塑型裤

第四节 臀上下部塑型裤与基本板型

一、臀下部塑型裤的立裁方法和结构原理

1. 展开裤基本型臀下部塑型省（图3-4-1）

2. 臀下部省量转移至后侧臀围线 将板布臀下部的一部分多余量顺外侧向上提至臀围线处掐省，板布与臀下部之间相贴合，按人台后大腿根围标示线和侧缝标示线，在板布上标明臀高线和臀高线以上后侧缝线（图3-4-2）。

3. 臀下部塑型后侧缝线拔开量的形成 剪开臀高线处板布，豁口量1cm，调直臀高线以下裤腿管的倾斜度，板布与大腿之间相贴合，按人台侧缝标示线在板布上标明臀高线以下后侧缝线（图3-4-3）。

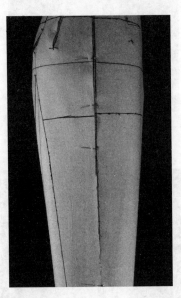

图3-4-1

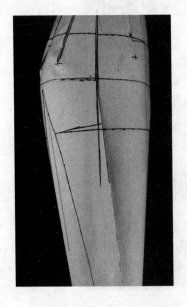

图3-4-2

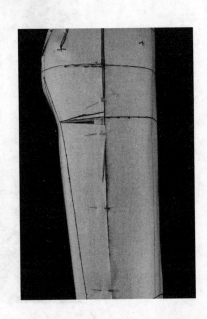

图3-4-3

4. 后侧臀围线省转移至后侧臀部腰省

①展开后侧臀围线处省（图3-4-4）。

②将后侧臀围线处省量合并至后侧臀部腰省中（图3-4-5）。

③修补后侧缝处板布缺损量，将板布与腰部、胯部、臀部之间相贴合，按人台腰围标示线、侧缝标示线、臀围标示线，在板布上标明腰围线、后侧缝线、臀围线、后侧臀部腰省的省型线（图3-4-6）。

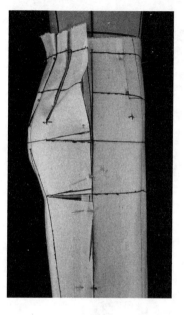
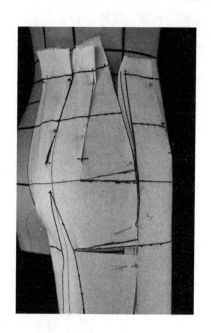
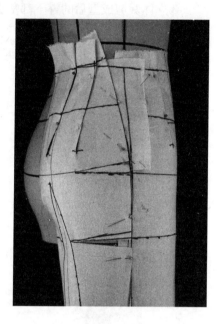

图3-4-4   图3-4-5   图3-4-6

5. **臀下部省量转移至后中臀围线与后裆弧线拨开量的形成**　将板布臀下部的一部分多余量赶至后裆和下裆处，面料不能与人台后裆和下裆处相贴合（图3-4-7），剪开后裆弧线处板布，豁口量1.5cm，板布与后裆和下裆之间相贴合，多余量向上提至后中臀围线处掐省，按人台后裆标识线和后大腿根围标示线，在板布上标明后裆弧线和臀高线（图3-4-8）；按人台下裆标识线，在板布上标明后下裆线（图3-4-9）。

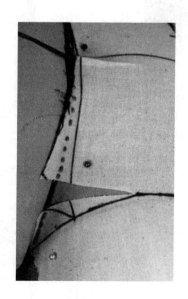
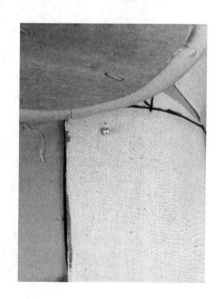

图3-4-7   图3-4-8   图3-4-9

6. 后中臀围线省转移至后中臀部腰省

①展开后中臀围线处省（图3-4-10）。

②将后中臀围线处省量合并至后中臀部腰省中，修补后侧缝处板布缺损量，将板布与后腰部之间相贴合，按人台腰围标示线、后中心标示线，在板布上标明后腰围线、后裆直线、后中臀部腰省的省型线（图3-4-11、3-4-12）。

③立体裁剪成型后的臀下部塑型裤基本型后面（图3-4-13）。

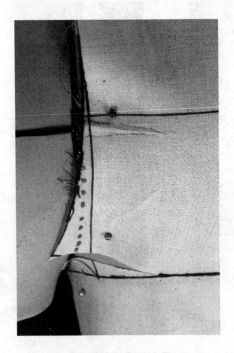

图3-4-10

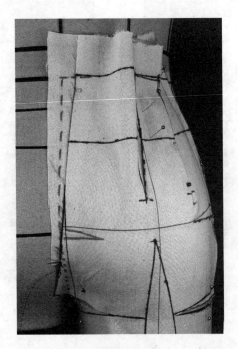

图3-4-11

图3-4-12

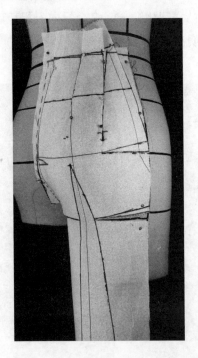

图3-4-13

用转省方式处理臀下部塑型的原理：经过立体裁剪，从展开成平面的臀下部塑型基本板型上可以看到：臀下部一部分塑型省量转至后侧臀部腰省中，在转移臀下部省量时形成了后侧臀围线省，省量1cm（图3-4-14），大腿根围线剪开豁口处的侧缝线形成较大弧度（图3-4-15），臀下部的弧线塑型因省量的转移形成了直线。一部分塑型省量转至后中臀部腰省中，在转移臀下部省量时形成了后中臀围线省，省量0.5cm，后裆弧线剪开的豁口量1.5cm（图3-4-16）。制作时，通过归拔工艺的处理，拔开后侧缝线1cm省量，使之呈直线，拔开后裆弧线1.5cm，致使面料与后裆下臀贴合。归拢臀下部多余量，使之呈弧线（参见本节三、归拔工艺处理臀下部塑型的步骤）。

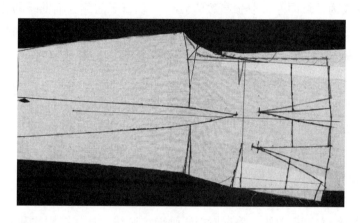

图3-4-14

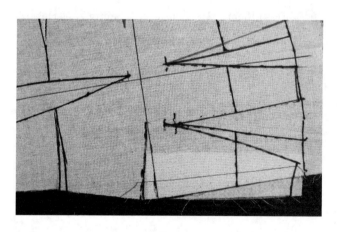

图3-4-15

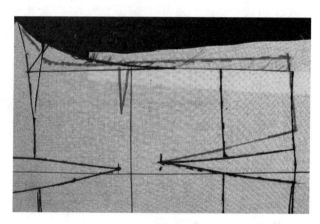

图3-4-16

臀上下部塑型裤基本板型160/64Y规格见表3-4-1。

表3-4-1　　　　　　　　　　　　　　　　　　单位：cm

测量部位	尺寸	测量部位	尺寸	测量部位	尺寸
裤长	92	直裆	24	大腿根围	50+2=52
腰围	64+0.5=64.5	臀高	26	膝高	51
腹围	80+1=81	裆落差	1	膝围	36+4=40
臀下围高	15	横裆宽	12.5	脚口围	30+6=36
臀围	88+3=91	裆弧长	61		

二、臀上下部塑型裤前片的平面制板步骤

1. **前侧缝辅助线** 板纸下方距板纸边2~3cm处，画前侧缝辅助线。

2. **腰围线** 板纸右方距板纸边2~3cm处，垂直于前侧缝辅助线画腰围线。

3. **臀围线** 以腰围线为基点向左，取臀下围高数值15cm，垂直于前侧缝辅助线画臀围线。

4. **腹围线** 腰围线至臀围线之间1/2处，垂直于前侧缝辅助线画腹围线。

5. **横裆线** 以腰围线为基点向左，取直裆数值24cm，垂直于前侧缝辅助线画横裆线。

6. **膝高线** 以腰围线为基点向左，取膝高数值51cm，垂直于前侧缝辅助线画膝高线。

7. **脚口线** 以腰围线为基点向左，取裤长数值92cm，垂直于前侧缝辅助线画脚口线。

8. **前裆直线** 以前侧缝辅助线为基点，沿臀围线向上取臀围分配数值91cm÷4－1cm=21.8 cm，垂直于臀围线画前裆直线，连接横裆线与腰围线。

9. **前裆宽** 以前裆直线与横裆线交点为基点，沿横裆线向上，取横裆宽比例数值12.5cm×0.2＋1cm=3.5cm，设置前裆宽点。

10. **前烫迹线**

①以前侧辅助线为基点，沿横裆线向上，设定值1cm设置前侧缝线点（提示：1cm设定值视膝围量大小而定，膝围量设定大时，设定值则小；膝围量设定小时，设定值则大）。

②前侧缝线点至前裆宽点之间1/2处，垂直横裆线画前烫迹线，连接腰围线和脚口线。

11. **前侧缝线**

①以前烫迹线为基点，沿脚口线向下，取脚口围分配数值〔（36cm÷2）－2cm〕÷2=8cm设置前外脚口点。以前烫迹线为基点，沿膝高线向下，取膝围分配数值〔（40cm÷2）－2cm〕÷2=9cm设置前外膝高点，自前外脚口点至前外膝高点画前侧缝线。

②自前外膝高点经前侧缝线点、至前侧缝辅助线与臀围线交点画前侧缝辅助线。

③在前外膝高点至横裆线之间1/2处、沿前侧缝辅助线向上，设定值0.3cm设置前侧缝弧线点，画外弧线自前外膝高点、经前侧缝弧线点至前侧缝线点画前侧缝线。

12. **前下裆线**

①以前烫迹线为基点，沿脚口线向上，取脚口围分配数值〔（36cm÷2）－2cm〕÷2=8cm设置前内脚口点，以前烫迹线为基点，沿膝高线向上，取膝围分配数值〔（40cm÷2）－2cm〕÷2=9cm设置内膝高点，自前内脚口点至前内膝高点画前下裆线。

②自前内膝高点至前裆宽点画前下裆辅助线。

③在前内膝高点至前裆宽点之间1/2处、沿前下裆辅助线向下，设定值0.3cm设置前下裆弧线点，画外弧线自前内膝高点、经前下裆弧线点至前裆宽点画前下裆线。

13. **前裆弧线**

①前裆下落线：以前裆直线与横裆线交点为基点，沿前裆直线向左设定值1cm设置前裆下落点，自前烫迹线与横裆线交点、经前裆下落点至前下裆线画前裆下落线。

②前裆弧线：在前裆下落线与前裆直线的角分线上，设定值2cm设置前裆弧线角分线点，自前裆下落线与前下裆线交点、经前裆弧线角分线点至臀围线画前裆弧线。

14. **设置腹部、胯部、臀部腰省的塑型省量** 已知腹部一个省道，胯部四个省道，臀部四个省道，将臀围与腰围之差量分成九等份，即（91cm－64.5cm）÷9=2.9cm为平均省量，视腹部、胯部、臀部曲面的

大小设置省量：人台腹部曲面较平，设分配省量2cm。胯部曲面较大，胯骨顶端腰省设分配省量3.4 cm，侧缝胯部腰省设分配省量2.4cm。臀部曲面较大，臀上部两个省道，后中臀部腰省设分配省量3cm，后侧臀部腰省设分配省量3.4cm。

　　15. 设置腹部和胯部腰省的省道位置、省长、省型线

　　①腹部腰省与前裆内撇线：前裆直线沿腰围线向下，取腹部腰省分配省量2cm÷2=1cm设置省起点，臀围线沿前裆直线向右1cm处设置省尖点，自省起点至省尖点画前裆内撇线。

　　②侧缝胯部腰省与前侧缝线：前侧缝辅助线沿腰围线向上，取侧缝胯部腰省分配省量的1/3即0.8cm设置省起点，臀围线沿前侧缝辅助线向右3cm处设置省尖点，自省起点至省尖点画前侧缝线。

　　③胯骨顶端腰省：沿腰围线自侧缝胯部腰省与前烫迹线1/2处，垂直腰围线画直线为省中心线，省长12.5cm设置省尖点，沿腰围线省中心线上下，各取胯骨顶端腰省分配省量3.4cm÷2=1.7cm设置省起点，分别自省起点至省尖点画胯骨顶端腰省。

三、臀上下部塑型裤前片的基本板型（图3-4-17）

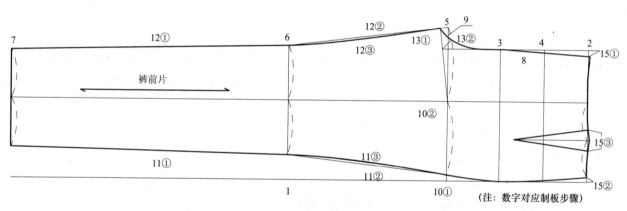

图3-4-17　臀上下部塑型裤前片（160/64Y）

四、臀上下部塑型裤后片的平面制板步骤

　　（注：制板步骤序号接排裤前片的序号）

　　16. 后烫迹线　板纸中间左右方向，画后烫迹线。

　　17. 裤前片板纸上的烫迹线与裤后片板纸上的烫迹线相重叠，将裤前片板纸上的腰围线、腹围线、臀围线、横裆线、膝围线、脚口线分别复制到裤后片板纸上。

　　18. 后裆直线

　　①以裤前片板前裆直线与横裆线交点为基点，沿横裆线向下，设定值3cm设置裤后片后裆直线下中心点，用锥子扎眼，将后裆直线的下中心点，复制到裤后片板纸的横裆复制线上。

　　②后烫迹线沿腰围复制线向上，设定值4.5cm设置后裆直线上中心点，自后裆直线下中心点至后裆直线上中心点画后裆直线。

　　19. 后侧缝线

　　①以后裆直线与臀围复制线交点为基点，沿臀围复制线向下，取臀围分配数值91cm÷4+1cm=23.8cm设

置后侧缝线点。

②后烫迹线沿脚口线向下，取脚口围分配数值〔(36cm÷2)+2cm〕÷2=10cm设置后外脚口点，后烫迹线沿膝高线向下，取膝围分配数值〔(40cm÷2)+2cm〕÷2=11cm设置后外膝高点，自后外脚口点至后外膝高点画后侧缝线。

③自后外膝高点至后侧缝线点画后侧缝辅助线。

20. **臀高线** 以横裆复制线与后侧缝线交点为基点，沿后侧缝线向左，取裆落差数值1cm，自后侧缝线经前裆下落线与前下裆线交点画臀高线并延长。

21. **后裆宽** 以后烫迹线与臀高线交点为基点，沿臀高线向上，取大腿根围数值〔52cm−24.3cm（裤前片横裆线宽度测量数值）〕÷2=13.85cm，设置后裆宽点。

22. **后下裆线**

①后烫迹线沿脚口线向上，取脚口围分配数值〔(36cm÷2)+2cm〕÷2=10cm设置后内脚口点，后烫迹线沿膝高线向上，取膝围分配数值〔(40cm÷2)+2cm〕÷2=11cm设置后内膝高点，自后内脚口点至后内膝高点画后下裆线。

②自后内膝高点至后裆宽点画后下裆辅助线。

23. **后裆弧线** 在臀高线与后裆直线的角分线上，设定值2.5cm设置后裆弧线角分线点，自后裆宽点、经后裆弧线角分线点至臀围线画后裆弧线。

24. **后腰围线** 以前腰围线为基点，沿前裆内撇线、前裆弧线、后裆弧线、后裆直线，取裆弧长数值61cm−1.5cm（后裆弧线拔开量）+0.5cm（后中臀围线省量）=60cm，设置后腰围线起翘点，垂直于后裆直线画线与腰围复制线相交。

25. **后腹围线** 平行于后腰围线垂直后裆直线画线与腹围复制线相交。

26. **臀围线** 平行于后腹围线垂直后裆直线画线与臀围复制线相交。

27. **后侧缝辅助线** 垂直于臀围线自后侧缝助线至后腰围线画后侧缝辅助线。

28. **设置胯部和臀部腰省的省道位置、省长、省型线**

①后侧缝胯部腰省与后侧缝线：后侧缝辅助线沿腰围线向上，取侧缝胯部分配省量约1.6cm设置省起点，臀围线沿后侧缝辅助线向右4cm处设置省尖点，自省起点至省尖点画后侧缝线。

②后中臀部腰省：沿后腰围线取后裆直线与后侧缝胯部腰省之间1/3处，垂直腰围线画直线为省中心线，省长13cm设置省尖点，沿腰围线省中心线上下，各取后中臀部腰省分配省量3cm÷2=1.5cm设置省起点，分别自省起点至省尖点画后中臀部腰省。

③后侧臀部腰省：沿后腰围线取后侧缝胯部腰省与后裆直线之间1/3处，垂直腰围线画直线为省中心线，省长13.5cm设置省尖点，沿腰围线省中心线上下，各取后侧臀部腰省分配省量3.4cm÷2=1.7cm设置省起点，分别自省起点至省尖点画后侧臀部腰省。

29. **绘制腰围线的步骤**

①从臀高线沿两个臀部省之间，取臀高数值26cm设置臀高点。

②保留腰围线多余量，剪开各省道一边省型线，省型线对齐合并，用胶带黏合，后片板以后腰围复制线为基点，沿后侧缝线下落0.5cm，对齐前片板腰围复制线，合并侧缝胯部腰省，用胶带黏合。

③自后腰围起翘线开始，经臀高点，弧线修顺腰围线（图3-4-18）。

④剪开胶带展开板。

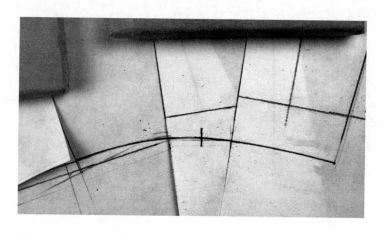

图3-4-18

五、臀上下部塑型裤后片基本板型（图3-4-19）

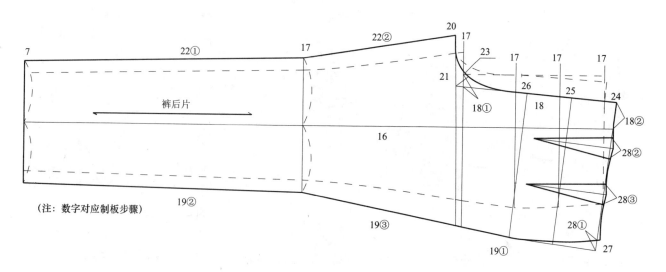

图3-4-19　臀上下部塑型裤后片（160/64Y）

六、臀上下部塑型裤后片省转移的平面制板步骤

（注：制板步骤序号接排裤后片的序号）

30. **后侧臀围线省转移至后侧臀部腰省**

①设置后侧臀围线省：臀围线上设置后侧臀部腰省延长点，以臀围线为基点，沿后侧缝线向左1cm设置后侧臀围线省起点，自后侧臀围线省起点至后侧臀部腰省延长点画后侧臀围线省（图3-4-20）。

②按后侧臀围线省上线、后侧臀缝线、后腰围线、后侧臀部腰省线复制纸板，将复制纸板后侧臀围线省上线与裤板后侧臀围线省下线合并（图3-4-21），按复制纸板绘制后侧缝线、后腰围线、后侧臀部腰省线（图3-4-22）。

31. **绘制后侧缝线**

①以后烫迹线与臀高线交点为基点，沿臀高线向下，取后烫迹线至后裆宽点数值13.85cm，设置后侧缝弧线点。

②画外弧线自后外膝高点、经后侧缝弧线点至臀围线合并省画后侧缝线（图4-4-23）。

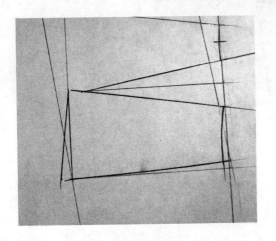

图3-4-20

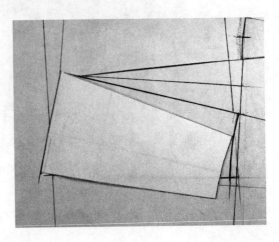

图3-4-21

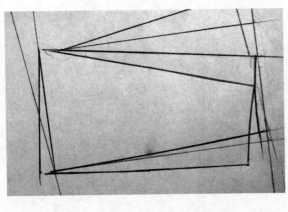

图3-4-22

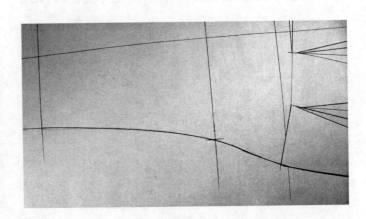

图3-4-23

32. **后下裆线**　对拆后烫迹线，自后内膝高点至后裆宽点复制后侧缝线画后下裆线（图4-4-24）。

33. **后中臀围线省转移至后中臀部腰省**

①设置后中臀围线省：臀围线上设置后中臀部腰省延长点，以臀围线为基点，沿后裆直线向左0.5cm设置后中臀围线省起点，自后中臀围线省起点至后中臀部腰省延长点画后中臀围线省（图3-4-25）。

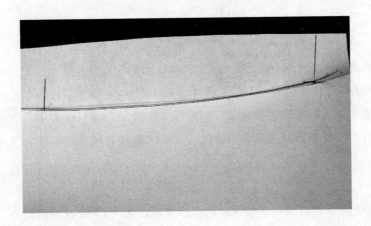

图3-4-24

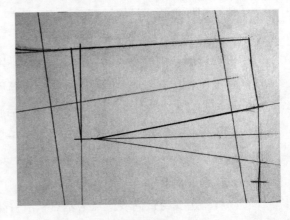

图3-4-25

②按后中臀围线省上线、后裆直线、后腰围线、后中臀部腰省线复制纸板,将复制纸板后中臀围线省上线与裤板后中臀围线省下线合并(图3-4-26),按复制纸板绘制后裆直线、后腰围线、后中臀部腰省线(图3-4-27)。

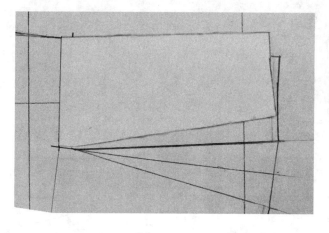

图3-4-26

图3-4-27

34. **修顺裆弧线** 后片以裤前片前内膝高点至前裆下落线与前下裆线交点的前下裆线为基点(图3-4-28),裤后片后下裆线与裤前片前下裆线对齐,自前裆下落线与前下裆线交点画顺裆弧线(图3-4-29)。

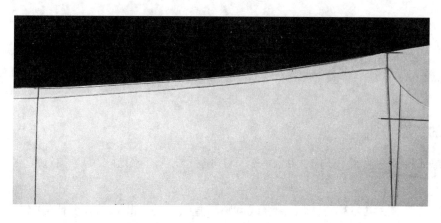

图3-4-28

图3-4-29

35. **修顺脚口线** 以膝高为基点,分别合并膝高线以下前后板的侧缝线和下裆线,修顺脚口线(图3-4-30)。

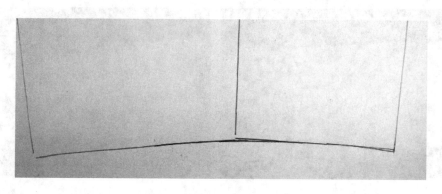

图3-4-30

36. **标注丝缕线和名称** 将裤前、后片分别剪成净板，以前后烫迹线为基线画丝缕线，丝缕线两端标上箭头，在丝缕线上标注板型名称（或人名）、款号、号型、裤片名称。

七、臀上下部塑型裤后片（省转移）基本板型（图3-4-31）

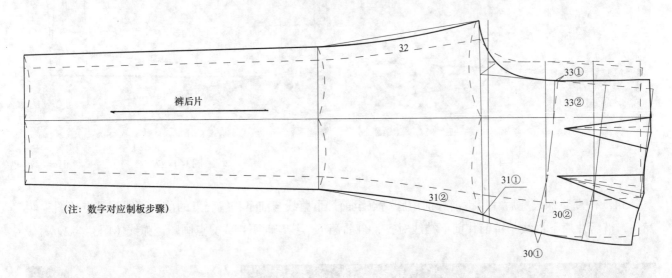

裤后片

（注：数字对应制板步骤）

图3-4-31 臀上下部塑型裤后片（160/64Y）：臀围线省转移至后侧臀部腰省

八、归拔工艺处理臀下部塑型的步骤

1. 缝合后中臀部腰省和后侧臀部腰省，侧缝线与下裆线对齐，对拆后烫迹线，对拆后的后烫迹线呈直线，后侧缝线与后下裆线呈弧线（图3-4-32）。

2. 用熨斗拔开臀高线的后侧缝线（图3-4-33），将后侧缝线调整呈直线，使后片膝高线至臀围线之间的后侧缝线，与前片膝高线至臀围线之间前侧缝线的长度达到一致（图3-4-34）。

3. 用熨斗拔开后裆弧线（图3-4-35）。

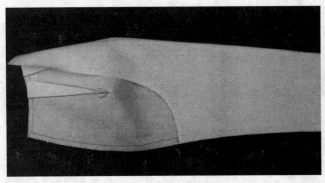

图3-4-32

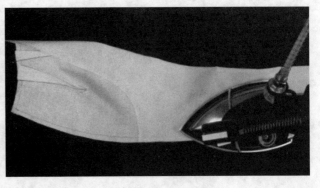

图3-4-33

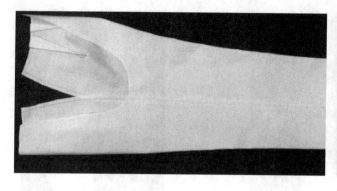

图3-4-34

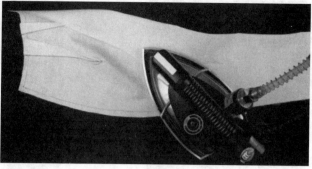

图3-4-35

4. 通过拔开后侧缝线和后裆弧线，将臀部下的后烫迹线调整呈弧线，用熨斗归拢臀部下方的板布多余量，使之平服（图3-4-36、图3-4-37）。

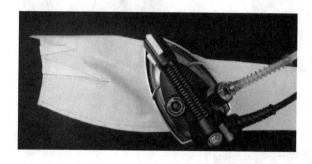

图3-4-36

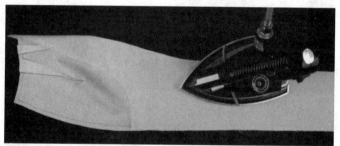

图3-4-37

九、臀上下部塑型裤的坯布缝制效果（图3-4-43）

臀上下部塑型裤前裆（图3-4-38），臀上下部塑型裤后裆（图3-4-39），臀上下部塑型裤前面（图3-4-40），臀上下部塑型裤侧面（图3-4-41），臀上下部塑型裤后面（图3-4-42）。

图3-4-38　前裆

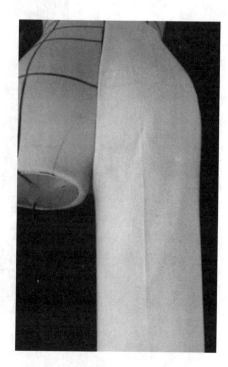

图3-4-39　后裆

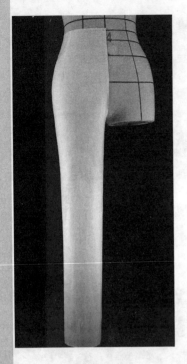

图3-4-40 前面

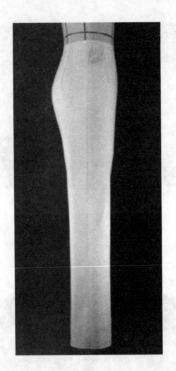

图3-4-41 侧面

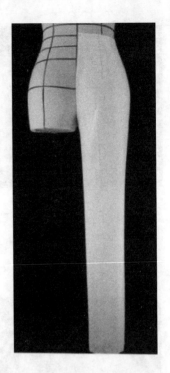

图3-4-42 后面

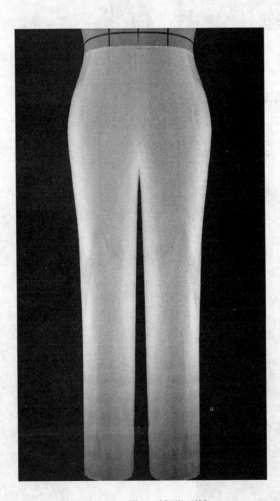

图3-4-43 臀上下部塑型裤

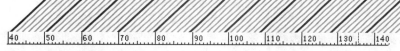

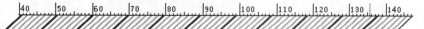

第四章　衣身基本型

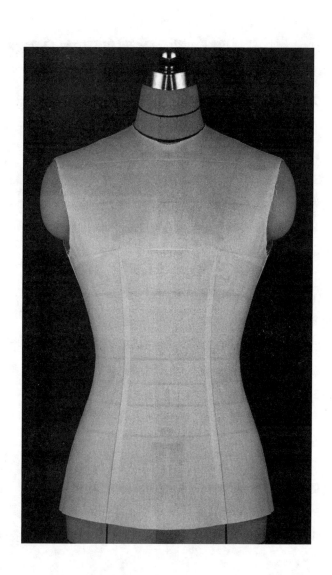

"衣身基本型"是用板布包裹人体上部体型，经过立体裁剪形成的基本型，如人体的第二层皮肤，承载着衣身基本板型形成的结构原理。在衣身基本型的基础上，可以演变成三种衣身基本造型。

第一种基本造型是X衣身造型，造型特点：腰部塑型合体，腰围线以上胸部、背部、肩部塑型合体，衣身造型轮廓线上宽下窄呈V型；腰围线以下塑型合体或夸张，衣身造型轮廓线上窄下宽呈A型；上下衣身组合轮廓呈X型。

第二种基本造型是H衣身造型，造型特点：胸围线以上的胸部、背部、肩部塑型合体，胸围线以下宽松，衣身造型轮廓线为直线呈H型。

第三种基本造型是A衣身造型，造型特点：前胸围线以上的胸部、肩部塑型合体，后肩胛骨以上的背部塑型合体，前胸围线、后肩胛骨以下宽松，衣身造型轮廓上窄下宽呈A型。在每种基本造型的基础上，依据结构原理，设计横向、纵向或斜向结构线进行塑型形成款式变化；或运用针织弹力、莱卡弹力、蕾丝、斜丝缕等面料特性所产生的效果形成款式变化，其基本造型不变。

"衣身基本板型"是衣身基本造型由立体展开成平面后所形成的基本形状，分为X、H、A三种基本板型，以及四开衣身和六开衣身两种基本结构，用于X、H、A衣身造型的结构设计和板型的处理。

本章采用立体裁剪的方法，重点描述X、H、A衣身基本造型形成的结构原理，以及X、H、A三种基本板型的平面制板步骤。

第一节　X型四开衣身基本型形成的立裁方法

一、X型四开衣身基本型形成的立裁方法

下面通过详细的立裁步骤来演示"X衣身造型"四开结构的基本型形成过程。

1. 前片板布定位

①取一块长70cm、宽30cm的全棉坯布，熨烫平整，平放在案板上，板布下方向上2cm处，画一条纵向直线为前中心线；板布右方向左28cm处，垂直前中心线画一条横向直线为胸围水平线。

②前片板布放上人台，将前中心线和胸围水平线分别与人台前中心标示线和胸围标示线相重叠，用珠针固定（图4-1-1）。

2. 腋下胸省的形成

①板布与人台胸围线以上的胸部与肩部之间相贴合，剪去前面颈部和肩部多余量，按人台前颈根围标示线和肩缝标示线，在板布上标明前领窝线和前肩斜线（图4-1-2）。

②将板布与人台的肩部和胸部相贴，产生的多余量推至腋窝下，沿胸围水平线顺丝缕掐省，用珠针固定，在板布上标明省型线，剪去臂膀处多余量，按人台臂膀与躯干相接处，在板布上标明前袖窿弧线（图4-1-3）。

3. 前中胸省的形成
板布与人台胸部的两乳之间相贴合，多余量沿胸围线顺丝缕掐省，用珠针固定，在板布上标明省型线，按人台前中心标示线，在板布上标明前中心线（图4-1-4）。

4. 前侧缝腋下腰省和前侧缝线的形成
板布与人台侧面的腰部和胯部之间相贴合，用珠针固定，按人台侧缝标示线，在板布上标明前侧缝线（图4-1-5）。

5. 胸部腰省的形成

①板布与人台胸围线以下的胸部和腹部相贴合，多余量推向胸点以下处，用珠针固定（图4-1-6）。

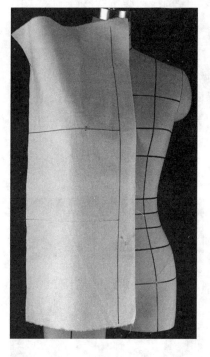

图4-1-1

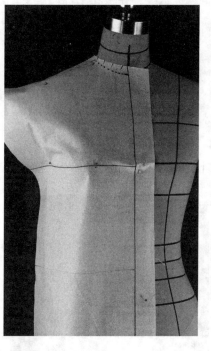

图4-1-2

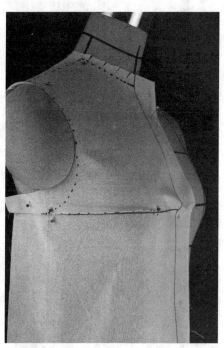

图4-1-3

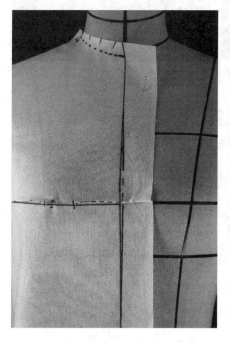

图4-1-4

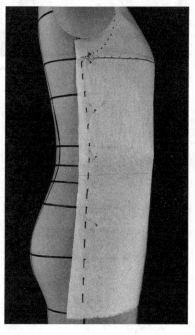

图4-1-5

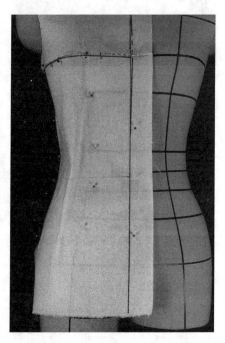

图4-1-6

②自胸点至胯部之间顺丝缕掐省，用珠针固定，在板布上标明省型线（图4-1-7）。

③按人台胸下围、腰围、腹围和臀围标示线，在板布上标明胸下围线、腰围线、腹围线和臀围线（图4-1-8）。

6. 后片板布定位

①取一块长70cm、宽30cm的全棉坯布，熨烫平整，平放在案板上，板布上方向下2cm处，画一条纵向直线为后中心辅助线；板布右方向左18cm处，垂直后中心辅助线画一条横向直线为肩胛骨水平线。

②后片板布放上人台，将肩胛骨水平线以上的后中心辅助线和肩胛骨水平线，分别与人台肩胛骨以上的后中心标示线和背宽标示线相重叠，用珠针固定（图4-1-9）。

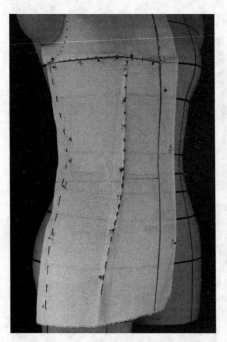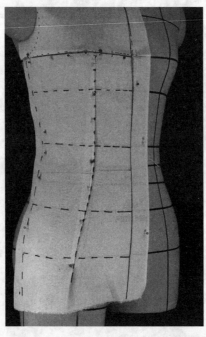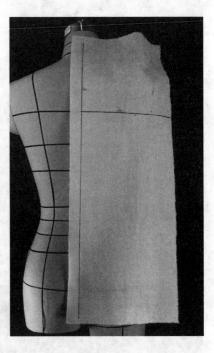

| 图4-1-7 | 图4-1-8 | 图4-1-9 |

7. 背缝线与背缝腰省的形成

板布与人台背宽线以下的背部、腰部、臀部相贴合，用珠针固定，按人台后中心标示线，在板布上标明背缝线（图4-1-10）。

8. 后腰省的形成

①臀部曲面大于肩胛骨曲面，为获取肩胛骨和臀部的准确塑型量，需要将板布从臀部至腰围线按人台肩胛分割线剪开（图4-1-11）。

②将肩胛骨水平线以下的板布与人台腰部相贴合，多余量推向肩胛骨处，顺丝缕掐省，用珠针固定（图4-1-12）。

③用板布拼接臀部缺损的部分，将板布与人台臀部相贴合，按人台肩胛分割线顺丝缕掐省，用珠针固定（图4-1-13），在板布上标明省型线（图4-1-14）。

9. 后侧缝腋下腰省和后侧缝线的形成

板布与人台侧面的腰部和胯部之间相贴合，用珠针固定（图4-1-15），按人台侧缝标示线、胸围标示线、胸下围标示线、腰围标示线、腹围标示线和臀围标示线，在板布上标明后侧缝线、胸围线、胸下围线、腰围线、腹围线和臀围线（图4-1-16）。

10. 后肩省的形成

①板布与人台肩胛骨以上的颈肩部相贴合，剪去后颈部多余量，用珠针固定；按人台后颈根围标示线，在板布上标明后领窝线。

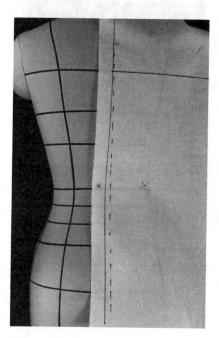

图4-1-10

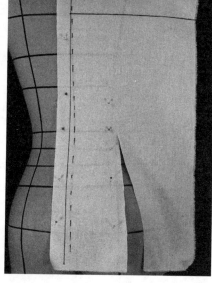

图4-1-11

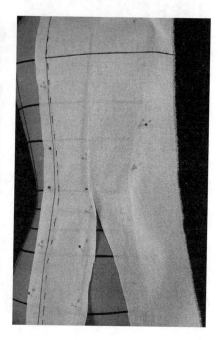

图4-1-12

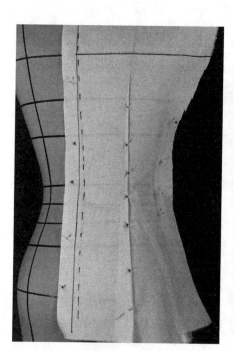

图4-1-13

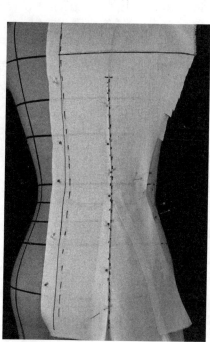

图4-1-14

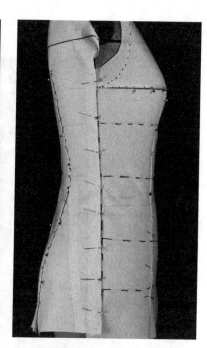

图4-1-15

②板布与人台臂膀与躯干相接处和肩部相贴合，多余量推向肩胛骨最高处，顺丝缕掐省，用珠针固定（图4-1-17），剪去肩部和臂膀处多余量，按人台肩缝标示线以及手臂与躯干相接处，在板布上标明后肩斜线、省型线和后袖窿弧线（图4-1-18）。

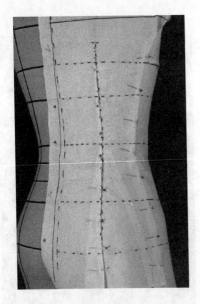
图4-1-16

图4-1-17

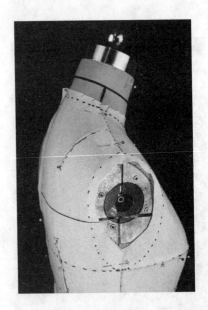
图4-1-18

11. 加垫肩时落肩量的形成

①将垫肩放至人台，前片板布与人台前肩部相贴合，在板布上标明前肩斜线（图4-1-19）。

②后片板布与人台后肩部相贴合，在板布上标明后肩省型线、后肩斜线和后袖窿弧线（图4-1-20）。

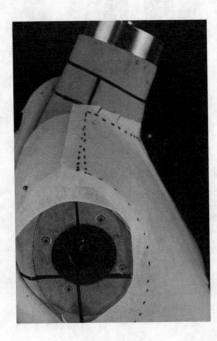
图4-1-19

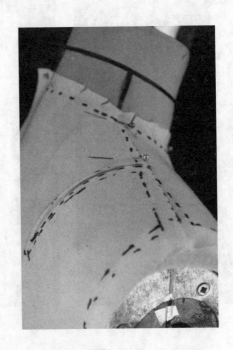
图4-1-20

二、立体裁剪成型后的X型四开衣身基本型

X型四开衣身基本型前面（图4-1-21），X型四开衣身基本型侧面（图4-1-22），X型四开衣身基本型后面（图4-1-23）。

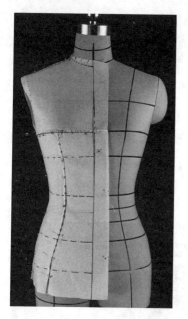

图4-1-21　前面

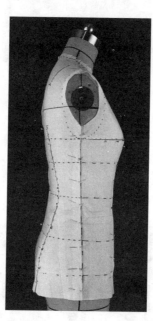

图4-1-22　侧面

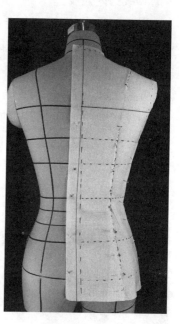

图4-1-23　后面

第二节　X型四开衣身基本型形成的结构原理

板布从人台上取下熨平，放在案板上，用制板专用尺将前后片肩斜线、袖窿弧线、背缝线、前中心线、侧缝线、胸围线、胸下围线、腰围线、腹围线、臀围线和省型线修饰画顺（图4-2-1～图4-2-3）。

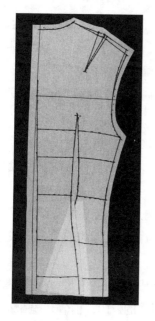

图4-2-1

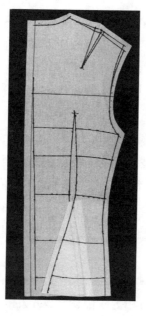

图4-2-2

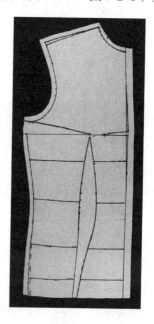

图4-2-3

从板布经过立体裁剪，展开成平面的衣身基型版上可以看到：胸部、腰部与臀部之差量经过胸部、背部、腹部、胯部、臀部等不同曲面塑型，形成省道的位置，以及省量、省长、省型线；省型线随着胸部、背部、腹部、胯部、臀部的形态特征而变化：曲面较平时，省型线为直线；凹陷时，省型线为外弧线；凸突时，省型线为内弧线。

1. **前颈肩点腰长、后颈中背腰长与腋下胸省量** 前颈肩点腰长由颈肩点至腰围线长度39.5cm，后颈中背腰长由后颈第七颈椎点至腰围线长度36.5cm，腋下胸省量3cm，前颈肩点腰长与后颈中背腰长相减的差量3cm，与腋下胸省量相等（图4-2-4）。

2. **胸点、胸点间距与胸围线** 胸点自颈肩点至胸点，长度24cm；胸点间距自左胸点至右胸点，宽度16cm；胸围线以胸点最大水平围度进行设置（图4-2-4）。

3. **侧缝线** 前后肩斜线距臂膀的肩峰点、前后袖窿弧线量20.5cm均等时，前胸围量22.3cm，后胸围量19.3cm（后胸围线横切肩胛骨腰省，不包含横切肩胛骨腰省0.5cm省量），前胸围量大于后胸围量3cm，设置侧缝线（图4-2-5）。

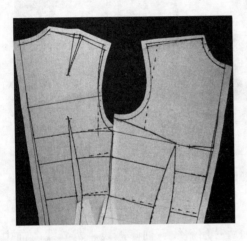

图4-2-4

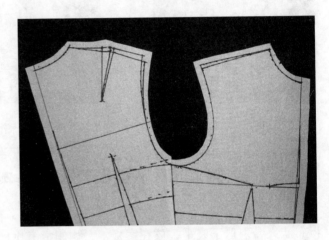

图4-2-5

4. **后胸围、后胸下围、后腰围下落线与后腰围收缩原理定值** 板布与人台腋窝下的后侧相贴合时，衣身后袖窿底上的后胸围线、后胸下围线、后腰围线自后侧缝线至肩胛骨腰省，距后胸围线、胸下围线、腰围线各下落1cm（图4-2-6），同时后腰围的围度量减少2cm，形成后腰围收缩原理定值。

5. **前腰围线与前颈肩点腰长线** 腋下胸省量3cm时，距前腰围线下落0.6cm形成前颈肩点腰长线，前中与前腰围线平行，至前侧缝形成斜线逐步与后腰围下落线连接（图4-2-6）。

6. **腋下胸省** 板布与人台前肩部和胸部相贴合所产生的多余量，在胸围线上自胸点至侧缝线形成腋下胸省，省量3cm，省长13.8cm，一条省型线自侧缝线沿胸围线至胸点为直线，另一条省型线自侧缝线至胸点3/4处为直线、从胸点3/4处至胸点逐步为内弧线。以净胸围数值设置腋下胸省的起点（图4-2-7）。

7. **前中胸省** 板布与人台胸部相贴合所产生的多余量，在胸围线上自胸点3cm至前中心线形成前中胸省，省量0.8cm、省长5cm；两条省型线自前中心线至省尖为直线，省型线与前中心线构成直角形成起翘（图4-2-7）。

8. **后颈肩点背腰长、前领窝与后领窝** 后颈肩点背腰长38.5cm与后颈中背腰长36.5cm相减，差量2.3cm为人体肩部的厚度，与后领口深数值相等。前领口深6.2cm，约占颈围量的2/10，前领口宽6.2cm，约占颈围量的2/10，前领窝角分线长度2.5cm；后领口深2.3cm，后领口宽7.5cm，后领口宽比前领口宽多1.3cm设置后领口宽，后领窝角分线长度1.5cm；将前后片肩斜线拼接后，拼接处的领窝线呈圆弧线

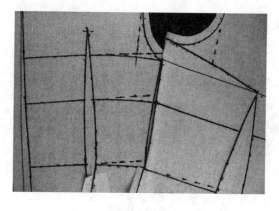
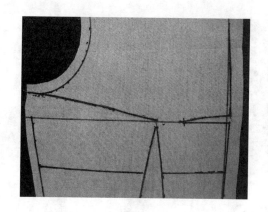

图4-2-6　　　　　　　　　　　　　　　　　图4-2-7

（图4-2-8）。

9. **前胸宽与后背宽**　前胸宽16cm，后背宽17.5cm，后背比前胸宽1.5cm。

10. **肩宽与后肩省、后肩峰背腰长**

①板布与人台后肩部相贴合所产生的多余量，自肩胛骨至肩斜线形成后肩省，裸肩时，后肩省量1.8cm，省长8.5cm，后肩宽19.8cm（后肩宽线横切后肩省，包含横切后肩省量1cm）；肩斜线长14.2cm，省型线与肩斜线构成直角形成起翘；加0.8cm厚度的垫肩时，后肩省量1.5cm，省长9cm，后肩宽19.5cm（包含横切后肩省量0.7cm）；肩斜线长13.5cm，省型线与肩斜线构成直角形成起翘（图4-2-9）。

②后肩峰背腰长自后腰围下落线沿背宽线向上至肩峰点，裸肩时，后肩峰背腰长长33.5cm；加0.8cm厚度的垫肩时，后肩峰背腰长长34.5cm；后肩斜量依据后肩峰背腰长测量数值设置（图4-2-10）。

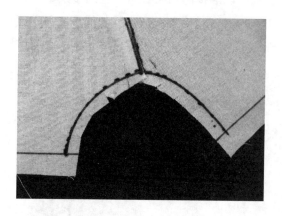

图4-2-8

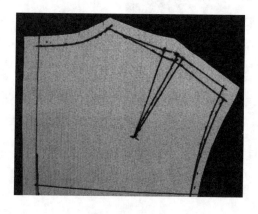
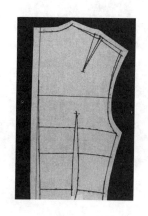

图4-2-9　　　　　　　　　　　　　　　　图4-2-10

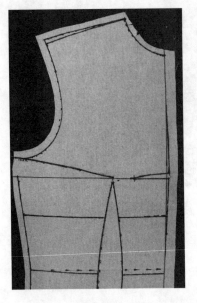

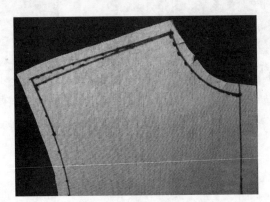

11. 前肩峰腰长与肩斜线 前肩峰腰长自前颈肩点腰长线沿胸宽线向上至肩峰点（前肩峰腰长竖切腋下胸省，不包含竖切腋下胸省量，图4-2-11），裸肩时，前肩峰腰长长33.5cm，肩斜线长12.4cm；加0.8cm厚度的垫肩时，前肩峰腰长长34.5cm，肩斜线长12cm；前肩斜量依据前肩峰腰长测量数值设置（图4-2-12）。

图4-2-11

图4-2-12

12. 袖窿 裸肩前袖窿弧长20cm，加垫肩袖窿弧长20.5cm，前袖窿底宽6.5cm，袖窿弧线角分线3.5cm（图4-2-13）；裸肩后袖窿弧长20.5cm，加垫肩后袖窿弧长21.5cm，后袖窿底宽4cm，袖窿弧线角分线2.5cm（图4-2-14）；拼接前后肩斜线时，肩部袖窿呈弧线（图4-2-15）；拼接前后侧缝线时，底部袖窿呈流畅的U型（图4-2-16）。

13. 胸部腰省 板布与人台胸部以下腰部相贴合所产生的多余量，自胸点1cm处至前颈肩点腰长线形成胸部腰省，省量3.6cm、省长15.5cm，省量自前颈肩点腰长线至胸下围线缩小到2cm，省型线为外弧线；以胸点为垂点，靠前中心线一侧占省量的1/3，靠侧缝线一侧占省量的2/3（图4-2-17）。

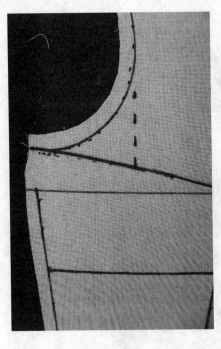

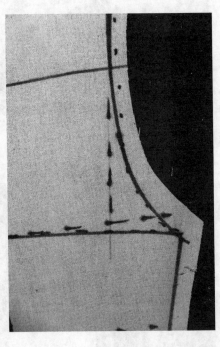

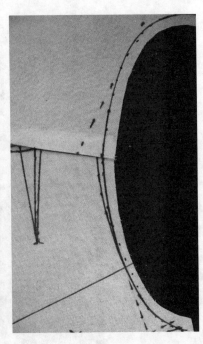

图4-2-13

图4-2-14

图4-2-15

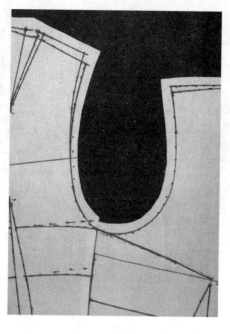

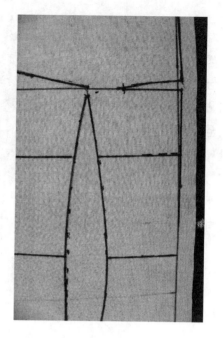

图4-2-16   图4-2-17

14. **侧缝腋下腰省与侧缝线** 板布与人台腋窝以下腰部相贴合所产生的多余量，自胸围线至腰围线形成侧缝腋下腰省，侧缝腋下腰省由前后片共同组成，省量2cm，省长14.5cm，前片省量1.5cm，占省量的3/4，省型线为外弧线；后片省量0.5cm，占省量的1/4，省型线为直线（图4-2-18）。

15. **肩胛骨腰省** 板布与人台肩胛骨以下腰部相贴合所产生的多余量，自肩胛骨至后腰围线形成肩胛骨腰省，省量1cm，省长18cm，后胸围线处省量0.5cm，省型线为外弧线（图4-2-19）。

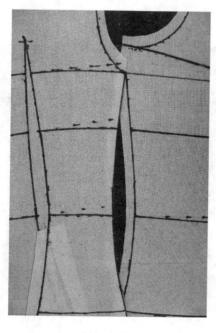

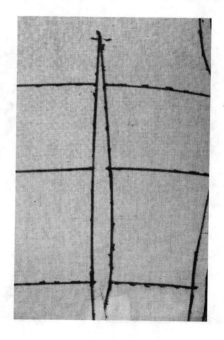

图4-2-18   图4-2-19

16. **背缝腰省与背缝线**

①板布与人台后腰围线以上的后背腰部相贴合所产生的多余量，自后腰围线至后背最高处形成背缝腰省，省量1cm，省长23cm，省型线1/2处的上方为直线，省型线1/2处的下方为外弧线（图4-2-20）。

②板布与人台后腰围线以下两臀之间相贴时，背缝线与后中心辅助线平行（图4-2-21）。

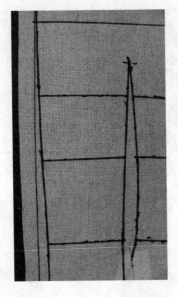
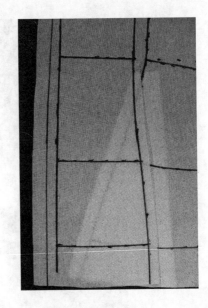

图4-2-20　　　　　　　　图4-2-21

17. **臀部腰省**　板布与人台后腰部、臀部相贴合所产生的多余量，自臀围线至后腰围线形成臀部腰省，省量6cm，靠背缝线一侧省量2.5cm，省型线上方1/3处为直线，省型线下方2/3处为内弧线（图4-2-21）；靠后侧缝线一侧省量3.5cm，省型线上方1/3处为直线，省型线下方2/3处为内弧线（图4-2-22）。

18. **侧缝胯部腰省与侧缝线**　板布与人台侧面胯部相贴合所产生的多余量，自臀围线至后腰围线形成侧缝胯部腰省，由前后片共同组成，省量3cm，后侧缝加放省量2cm，省型线上方1/3处为直线，省型线下方2/3处为内弧线；前侧缝加放省量1cm，省型线上方1/3处为直线，省型线下方2/3处为内弧线（图4-2-23）。

19. **腹胯腰省**　板布与人台腹胯部相贴合所产生的多余量，自前臀围线至前腰围线形成腹胯腰省，省量3cm，靠前中心线一侧腰省加放省量2cm，省型线上方1/3处为直线，省型线下方2/3处为内弧线；靠侧缝线一侧腰省加放省量1cm，省型线为直线（图4-2-24）。

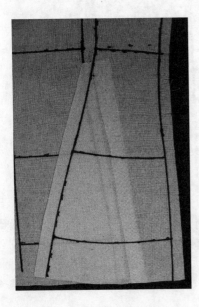
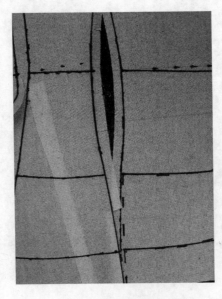
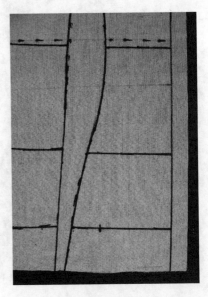

图4-2-22　　　　　　　　图4-2-23　　　　　　　　图4-2-24

第三节 X型四开衣身基本板型

X型四开衣身基本板型160/84Y规格见表4-3-1。

表4-3-1

单位：cm

测量部位	尺寸	测量部位	尺寸	测量部位	尺寸
衣长	60	总肩宽	38	前颈窝腰长	32.8
胸围	83+4=87	肩长	12.2	后颈中背腰长	36.5
胸下围	74	袖窿周长	36	后颈肩点背腰长	38.8
胸高点	24	颈根围	33	后肩峰背腰长	33.5
胸点间距	16	腰围	63+4=67	腹下围	79
胸宽	32	前颈肩点腰长	39.3	臀上围高	18.5
背宽	35	前肩峰腰长	33.5	臀围	88+7=95

一、X型四开衣身前后片的平面制板步骤

依据X衣身造型四开结构衣身的结构原理，分步骤制板如下。

1. **前中心线** 板纸下方距板纸边2～3cm处，画前中心线。

2. **腰围线** 板纸右方距板纸边43cm处，垂直前中心线画腰围线。

3. **前颈肩点腰长线** 以腰围线为基点向左设定值0.6cm（提示：0.6cm设定值视胸部的高低而定，胸部高设定值则大，胸部低设定值则小），平行腰围线自前中心线至胸点垂直点画前颈肩点腰长线。

4. **前衣长线** 前颈肩点腰长线向右，取前颈肩点腰长数值39.5cm，垂直前中心线画前衣长线。

5. **前领口宽线** 以前中心线与前衣长线交点为基点，沿前衣长线向上，取颈根围数值33cm×0.2－0.5cm=6.1cm，垂直衣长线画前领口宽线。

6. **前领口深线** 以前中心线与前衣长线交点为基点，沿前中心线向下，取颈根围数33cm×0.2－0.5cm=6.1cm，垂直前中心线画前领口深线。

7. **前领窝线** 在前领口宽线与前领口深线的角分线上，设定值2.5～2.8cm设置前领窝角分线点，自前领口宽线与前领口深线交点、经前领窝角分线点至前中心线沿前领口深线向上1cm处画前领窝线。

8. **前胸围线** 前衣长线向左，取胸点数值24cm，垂直前中心线画前胸围线。

9. **胸点** 以前中心线与前胸围线交点为基点，沿前胸围线向上，取胸点间距数值16cm÷2=8cm，设置胸点。

10. **腋下胸省** 以前中心线与前胸围线交点为基点，沿前胸围线向上，取净胸围数值83cm÷4＋1.5cm=22.25cm，设置腋下胸省点，腋下胸省点向右，取前颈肩点腰长数值与后颈中背腰长数值相减的差量即39.5cm－36.5cm=3cm，自胸点经腋下胸省点画腋下胸省线并延长。

11. **前中胸省** 以胸点为基点，沿前胸围线向下3cm，设置前中胸省尖点，以前胸围线与前中心线交点为基点，沿前中心线向右，取前颈肩点腰长数值减去前颈窝腰长数值再减去前领口深数值即39.5cm－32.8cm－6.1cm=0.6cm，设置前中胸省起点，自前中胸省起点至前中胸省尖点画前中胸省线。

12. **胸宽线** 以前中心线与前胸围线交点为基点，沿前胸围线向上，取胸宽数值32cm÷2=16cm，垂直胸围线画胸宽线。

13. **胸部与肩胛骨塑型省量、侧缝与背缝胸腰落差量的设置分配** 求胸围与腰围之差量87cm－67cm=20cm÷2=10cm，减去2cm收缩后腰围原理定值，实际胸腰之差量8cm视胸部和肩胛骨曲面的大小、侧缝和背缝的胸腰落差量设置分配省量：人台胸部曲面较高，胸部腰省设置分配省量3.5cm；肩胛骨曲面较平，肩胛骨腰省设置分配省量1.5cm；侧缝腋下腰省设置分配省量2 cm；背缝腰省设置分配省量1cm。

14. **前侧缝腋下腰省与前侧缝线**

①以前中心线与前胸围线交点为基点，沿前胸围线向上，取胸围数值87cm÷4＋1.5cm=23.3cm，设置前侧缝线a点。

②以前侧缝线a点为基点，垂直前胸围线，在前腰围线上设置前侧缝线b点，以前侧缝直线b点为基点，沿前腰围线向下，取侧缝腋下腰省省量的3/4约1.5cm，设置前侧缝线c点，自前侧缝线c点至前侧缝线a点画前侧缝线，设0.1cm外弧线修正前侧缝线。

15. **胸部腰省**

①以胸点为基点，垂直于前胸围线，在前颈肩点腰长线设置胸部腰省点，以胸部腰省点为基点，沿前颈肩点腰长线向下，取胸部腰省分配省量的1/3约1.2cm，设置胸部腰省d点，自胸部腰省d点至胸点画胸部腰省d省线；以胸点为基点，沿胸部腰省d省线向左7cm，设置胸下围点，胸下围点向下设0.1cm弧线量，画外弧线自胸部腰省d点至胸点修正胸部腰省d省线。

②以胸部腰省点为基点，沿前颈肩点腰长线向上，取胸部腰省分配省量的2/3约2.3cm，设置胸部腰省e点，自胸部腰省e点至胸点画胸部腰省e省线；以胸点为基点，沿胸部腰省e省线向左7cm，设置胸下围点，胸下围点向上设0.5cm弧线量，画外弧线自胸部腰省e点至胸点向左1cm处修正胸部腰省e省线。

16. **前颈肩点腰长延长线** 调整胸部腰省e点省线与胸部腰省d点省线的长度相等，以胸部腰省e调整点为基点，沿腰围线向上，自胸部腰省e调整点至前侧缝线c点画前颈肩点腰长延长线。

17. **前落肩线** 以前颈肩点腰长延长线为基线，沿胸宽线向右，取前肩点腰长数值33.5cm，垂直于前胸宽线画落肩线（不包含前肩峰腰长竖切腋下胸省量）。

18. **前肩斜线** 以前领口宽线与前衣长线交点为基点，取后肩长数值12.2cm（不包含后肩省量的后肩斜线测量数值），连接前落肩线画前肩斜线。

19. **前袖窿弧线** 以腋下胸省尖点为基点，腋下胸省上线与前胸围线的长度相等；在腋下胸省上线与前胸宽线的角分线上，设定值3.5cm设置前袖窿弧线角分线点；自前侧缝线沿腋下省上线1cm处为起点，经前袖窿弧线角分线点、经胸宽线至前肩斜线与前落肩线交点画前袖窿弧线。

20. **腹部、胯部、臀部腰省的塑型省量的设置分配** 臀围与腰围之差量（95cm－67cm）÷2=14cm，臀围与腰围之差量14cm视腹部、胯部、臀部曲面的大小设置分配省量：人台腹部曲面较平，腹胯腰省设置分配省量3cm；胯部曲面较高，侧缝胯部腰省设置分配省量5cm；臀部曲面较高，臀部腰省设置分配省量6cm。

21. **前臀围线**

①前颈肩点腰长线向左，取臀上围高数值18.5cm，平行前颈肩点腰长线画前臀围线。

②前颈肩点腰长延长线向左，取臀上围高数值18.5cm，平行前颈肩点腰长延长线画前臀围线。

22. **腹胯腰省**

①靠前中心线一侧，以胸部腰省d点为基点，垂直前颈肩点腰长线，在臀围线上设置腹部f点，以腹部f点为基点，沿臀围线向上取腹胯腰省分配省量2cm，自胸部腰省d点至腹部f点画腹胯腰省线；设0.1cm内弧线修正腹胯腰省线并延长。

②靠前侧缝线一侧，以胸部腰省e调整点为基点，垂直前颈肩点腰长延长线，在臀围线上设置胯部g

点，以胯部g点为基点，沿臀围线向下取腹胯腰省分配省量1cm，自胸部腰省e调整点至胯部g点画腹胯腰省线；设0.1cm内弧线修正腹胯腰省线并延长。

23.　**侧缝胯部腰省与前侧缝线**　以前侧缝线c点为基点，垂直于前颈肩点腰长延长线，在臀围线上设置前侧缝胯部h点，以前侧缝胯部h点为基点，沿臀围线向上取侧缝胯部腰省分配省量2cm，自前侧缝线c点至前侧缝胯部h点画前侧缝线；设0.1cm内弧线修正前侧缝线并延长。

24.　**后中心辅助线**　板纸上方距板纸边2~3cm处，画后中心辅助线。

25.　**后腰围线**　板纸右方距板纸边43cm处，垂直于后中心辅助线画后腰围线。

26.　**后衣长线**　以后腰围线为基线向右，取后颈中背腰长数值36.5cm，垂直于后中心辅助线画后衣长线。

27.　**后领口深线**　以后腰围线向为基线向右，取后颈肩点背腰长数值38.8cm，平行于后衣长线画后领口深线。

28.　**后领口宽线**　以后中心辅助线与后衣长线交点为基点，沿后衣长线向下，取前领口宽数值6.1cm + 1.3cm（定值）=7.4cm，垂直后衣长线画后领口宽线。

29.　**后领窝线**　在后衣长线与后领口宽线交点的角分线上，设定值1.5cm设置后领窝线角分线点；自后领口宽/2处为起点，经后领窝线角分线点至后领口深线与后领口宽线交点画后领窝线。

30.　**后胸围线**　以后腰围线为基线向右，取前腰围线至前胸围线测量数值14.5cm，平行后腰围线画后胸围线。

31.　**背缝腰省与背缝线**　后胸围线至后衣长线1/2处，设置背缝腰省尖点；以后中心辅助线与后腰围线交点为基点，沿后腰围线向下，取背缝腰背分配省量1cm，连接背缝腰省尖点画背缝线，设0.1cm外弧线修正背缝线。

32.　**背宽线**　以后中心辅助线为基点沿后胸围线向下，取背宽数值35cm÷2=17.5cm，垂直后胸围线画背宽线。

33.　**肩胛骨腰省**　以背缝腰省线与后胸围线交点为基点，沿后胸围线向下至背宽线之间1/2 + 2cm=10.5cm（肩胛骨最高）处，垂直后胸围线至后腰围线，在后胸围线和后腰围线上分别设置肩胛骨腰省中心点，沿后腰围线，肩胛骨腰省中心点上下，各取肩胛骨腰省分配省量1.5cm的1/2即0.75cm，设置肩胛骨腰省i点、j点；沿后胸围线，肩胛骨腰省中心点上下各取0.3cm，设置肩胛骨腰省k点、l点，自肩胛骨腰省i点至肩胛骨腰省k点画肩胛骨腰省线延长至交合；自肩胛骨腰省j点至肩胛骨腰省l点画肩胛骨腰省线延长至交合；设0.1cm外弧线修正两条肩胛骨腰省线。

34.　**后胸围与后腰围下落线**

①以背缝腰省线与后胸围线交点为基点，沿后胸围线向下，取净胸围数值83cm÷4 - 1.5cm + 0.6cm（后胸围线横切肩胛骨腰省量）=19.9cm，设置后胸围线下落点，后胸围线下落点向左1cm，下落线自肩胛骨腰省k点至胸围线下落点画后胸围下落线并延长。

②自肩胛骨腰省i点，平行于后胸围下落线画后腰围下落线。

35.　**后侧缝腋下腰省与后侧缝线**

①以背缝线与后胸围线交点为基点，沿后胸围线、后胸围下落线向下，取胸围数值87cm÷4 - 1.5cm + 0.6cm（后胸围线横切肩胛骨腰省量）=20.85cm，设置后侧缝线m点。

②以后侧缝线m点为基点，垂直于后胸围下落线，在后腰围线上设置后侧缝线n点。

③以后侧缝线n点为基点，沿后腰围下落线向上，取侧缝腋下腰省分配省量的1/4约0.5cm，设置后侧缝线o点，自后侧缝线o点至后后侧缝线m点画后侧缝线。

36. 后落肩线与后肩宽点

①以后腰围下落线为基线，沿背宽线向上取后肩峰背腰长数值33.5cm，垂直于后背中心辅助线画后落肩线。

②以后背中心辅助线为基点，沿后落肩线取总肩宽数值38cm÷2＋1cm（后肩宽线横切后肩省量）＝20cm，设置后肩宽点。

37. 后肩斜线与后肩省

①自后领口深线与后领口宽线交点至后肩宽点画后肩斜线。

②自后肩斜线1/2处，至肩胛骨最高处画后肩省中心线，沿后肩省中心线取定值8.5cm设置后肩省尖点，以后肩省中心线为基线，沿后肩斜线上下，各取肩省量1.5cm的1/2即0.75cm设置后肩省起点，分别自后肩省起点至后肩省尖点画后肩省线。

38. 后袖窿弧线　在后胸围下落线与背宽线的角分线上，设定值2cm设置后袖窿弧线角分线点；自后侧缝线m点、经后袖窿弧线角分线点、背宽线至后肩斜线与后落肩线交点画后袖窿弧线。

39. 臀围线

①后腰围线向左，取臀上围高数值18.5cm，平行于后腰围线画臀围线。

②后腰围线向左，取臀上围高数值18.5cm，平行于后腰围下落线画臀围线。

40. 后侧缝胯部腰省与后侧缝线　以后侧缝线o点为基点，垂直于后腰围下落线，在臀围线上设置后侧缝胯部p点，以后侧缝胯部p点为基点，沿臀围线向下，取侧缝胯部腰省分配省量3cm，自后侧缝线o点至后侧缝胯部p点画后侧缝线；设0.1cm内弧线修正后侧缝线并延长。

41. 臀部腰省

①靠后侧缝线一侧，以肩胛骨腰省i点为基点，垂直于后腰围下落线，在臀围线上设置臀部q点，以臀部q点为基点，沿臀围线向上，取臀部腰省分配省量3.5cm，自肩胛骨腰省i点至臀部q点画臀部腰省线；设0.1cm内弧线修正臀部腰省并延长。

②靠后中心辅助线一侧，以肩胛骨腰省j点为基点，垂直于后腰围线，在臀围线上设置臀部r点，以臀部r点为基点，沿臀围线向下，取臀部腰省分配省量2.5cm，自肩胛骨腰省j点至臀部r点画臀部腰省线；设0.1cm内弧线修正臀部腰省线并延长。

42. 背缝线　自背缝线与后腰围线交点，平行后背中心辅助线，至臀围线画背缝线并延长。

43. 绘制后肩省起翘线与前后肩斜线

①剪开后肩省一边省型线，对齐合并肩省用胶带黏合，设0.1cm外弧线画顺后肩斜线（图4-3-1）。

②后领口宽点和后肩峰点对齐前领口宽点和前肩峰点，设0.1cm内弧线画顺前肩斜线（图4-3-2）。

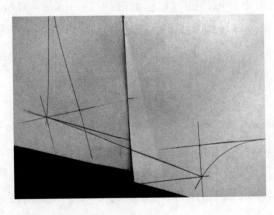

图4-3-1

图4-3-2

44. **绘制前中胸省起翘线**　剪开前中胸省一边省型线，对齐合并用胶带黏合，弧线画顺前中心线（图4-3-3）。

45. **绘制前后领窝线**　后领口宽点对齐前领口宽点，画顺前后领窝线（图4-3-4）。

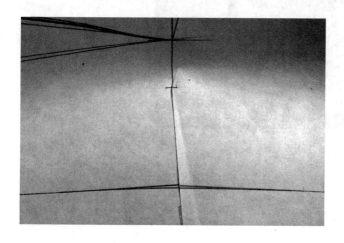

图4-3-3

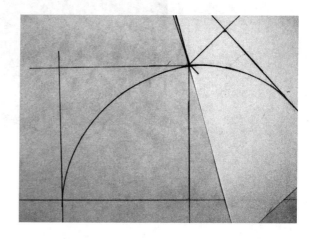

图4-3-4

46. **绘制前后袖窿弧线**

①后肩峰点对齐前肩峰点，画顺前后袖窿上线（图4-3-5）。

②对齐前后侧缝线，画顺前后袖窿底线（图4-3-6）。

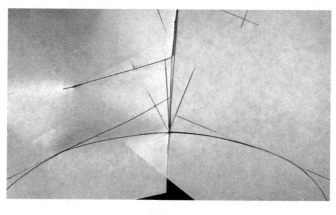

图4-3-5

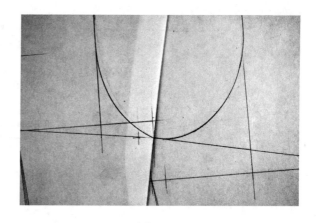

图4-3-6

47. **绘制底边线**　以后衣长线为基线，取衣长数值60cm设置底边线，以前臀围线为基点，臀部腰省、侧缝胯部腰省、腹胯腰省合并对齐，弧线画顺臀围线和底边线（图4-3-7）。

48. **标注丝缕线**　前后片分别垂直腰围线画丝缕线，线两端标上箭头，在丝缕线上标注板型名称（或人名）、款号、号型、衣片名称。

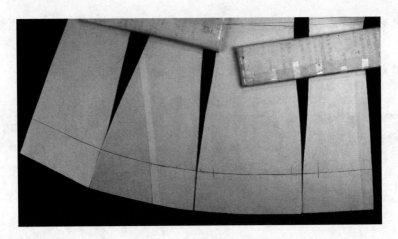

图4-3-7

二、X型四开衣身的基本板型（图4-3-8）

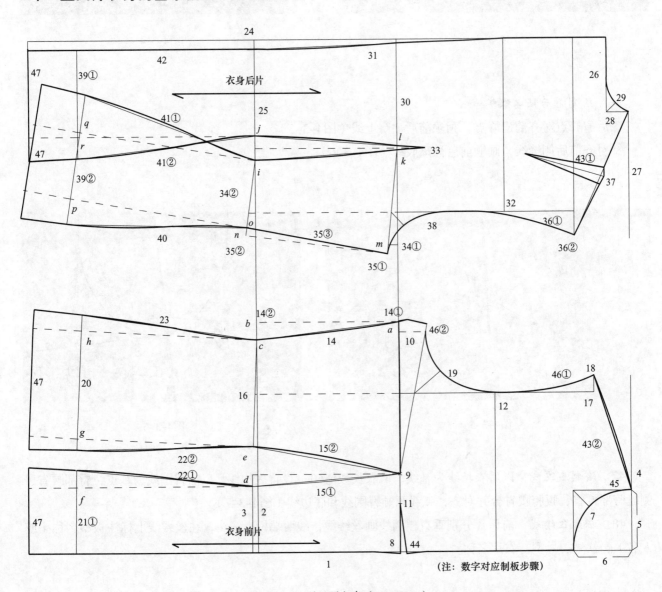

图4-3-8 X型四开衣身（160/84Y）

三、X型四开衣身的坯布缝制效果（图4-3-12）

X型四开衣身前面（图4-3-9），X型四开衣身侧面（图4-3-10），X型四开衣身后面（图4-3-11）。

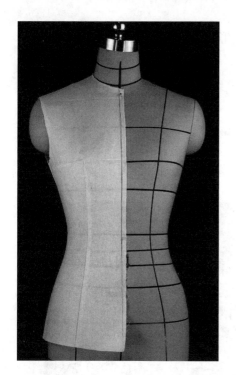 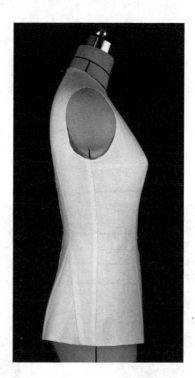 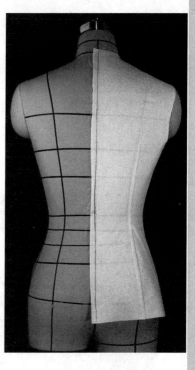

图4-3-9　前面　　　　　　　　图4-3-10　侧面　　　　　　　　图4-3-11　后面

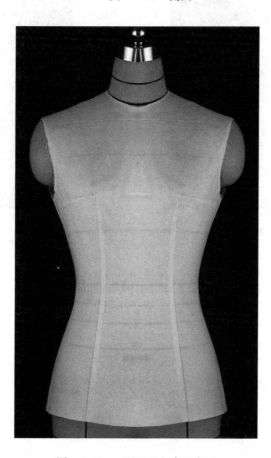

图4-3-12　X型四开衣身基本型

第四节　X型六开衣身基本型形成的立裁方法

下面通过详细的立裁方法来演示"X衣身造型"六开结构的基本型形成过程。

1. **立裁做好前后基本型**

①按X型四开衣身基本型形成的立裁步骤做好前片基本型，前侧缝线不做侧缝腋下腰省和侧缝胯部腰省的处理（图4-4-1）。

②按X型四开衣身基本型形成的立裁步骤做好后片基本型，后侧缝线不做侧缝腋下腰省和侧缝胯部腰省的处理（图4-4-2）。

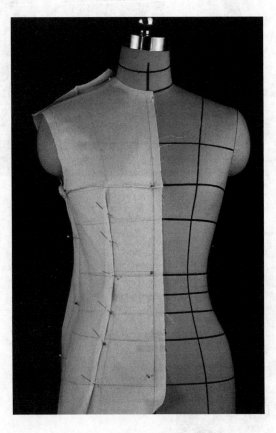
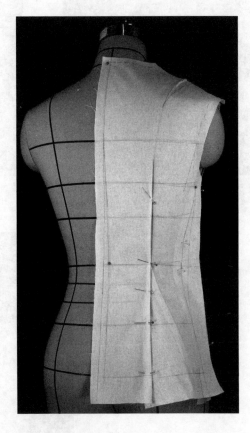

图4-4-1　　　　　　　　　　　　　　　　　　　图4-4-2

2. **不设置后肩省保留后肩省量**　板布与人台肩胛骨以上的颈肩部相贴合，多余量推向人台肩缝处（图4-4-3），用珠针固定，按人台肩缝标示线、臂膀与躯干相接处，在板布上标明肩斜线和后身袖窿弧线（图4-4-4）。

3. **前刀背线的设置**　以人台胯部最高处为基点，在前片板布上标出前刀背线（图4-4-5）。

4. **后刀背线的设置**　以肩胛骨腰省为基点，在后片板布上标出后刀背线（图4-4-6）。

5. **拼接侧缝直线**

①剪开前后刀背线，拼接前后侧缝直线（图4-4-7）。

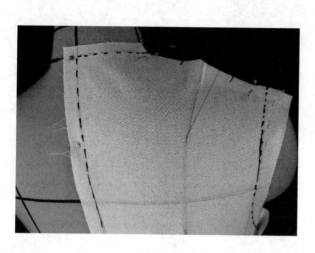

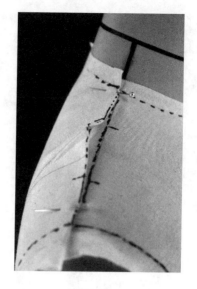

图4-4-3 图4-4-4

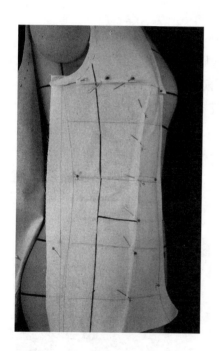

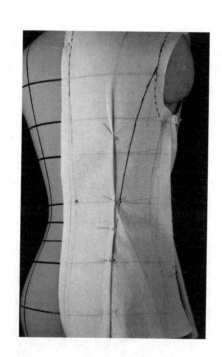

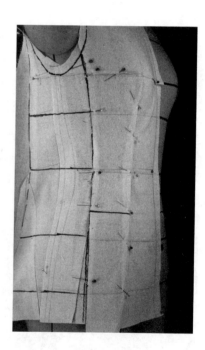

图4-4-5 图4-4-6 图4-4-7

②板布与前侧腰部和胯部之间相贴合，用珠针拼接固定前刀背线（图4-4-8）。

③板布与后侧腰和胯部之间相贴合，用珠针拼接固定后刀背线（图4-4-9），按人台胸围标示线、胸下围标示线、腰围标示线、腹围标示线、臀围标示线和设置的前后刀背线，在侧面板布上标明胸围线、胸下围线、腰围线、腹围线、臀围线和前后刀背线（图4-4-8、图4-4-9）。

6. **转移腹胯腰省量**　在前刀背线与胸部腰省之间，平行人台前腰围标示线向下5cm设置口袋线，剪开口袋线，展开腹胯腰省，将展开的板布与腹胯部相贴合，以侧面板布前刀背线和口袋上线为基线，剪去展开板布上的多余量，用珠针拼接固定，在板布上标明前刀背线和口袋下线（图4-4-10）。

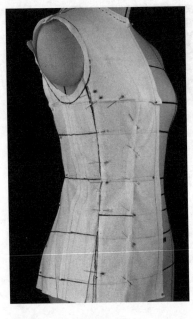
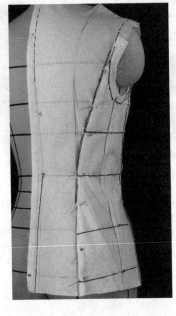
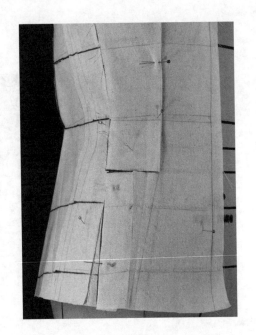

图4-4-8　　　　　　　　　　　　图4-4-9　　　　　　　　　　　　图4-4-10

　　7. **转移前中胸省量**　展开前中胸省（图4-4-11），用板布拼接前中心线、前领窝缺损的部分，将板布与前肩部和胸部相贴合，产生的多余量推至腋下胸省中，剪去前领窝和肩部多余量，按人台前中心标示线、前颈根围标示线和肩缝标示线，在板布上标明前中心线、前领窝线和前肩斜线（图4-4-12）。

　　8. **转移腋下胸省量**　展开腋下胸省，用板布拼接缺损的部分，将板布与胸部和腰部相贴合，产生的多余量推至胸部腰省中，以侧面板布前刀背线和口袋下线为基线，剪去展开板布上的多余量，用珠针固定，按人台胸围标示线、胸下围标示线、腰围标示线和臂膊与躯干相接处，在板布上标明胸围线、胸下围线、腰围线和前袖窿弧线；按侧面板布前刀背线、口袋下线和胸部腰省线，在板布上标明前刀背线、口袋上线和胸部腰省线（图4-4-13）。

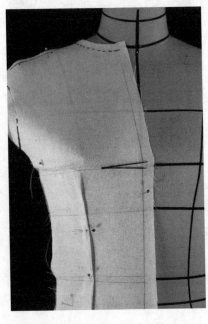
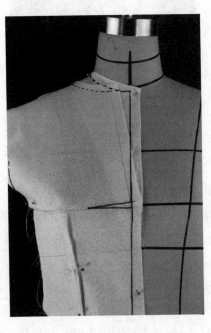
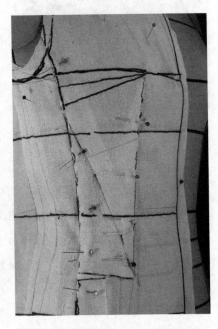

图4-4-11　　　　　　　　　　　图4-4-12　　　　　　　　　　　图4-4-13

第五节　X型六开衣身基本型形成的结构原理

　　板布从人台上取下熨平，放在案板上，用制板专用尺将前后片肩斜线、袖窿弧线、前中心线、背缝线、刀背线、胸围线、胸下围线、腰围线、腹围线、臀围线、省型线修饰画顺（图4-5-1~图4-5-3）。

　　1. **后肩宽与后肩省**　不设置肩省时，后肩宽19.5cm（图4-5-4），后肩斜线长13.5cm，前肩斜线长12.7cm，后肩斜线多出0.8cm省量（图4-5-5）。

　　2. **侧缝腋下腰省量的转移**　前后片侧缝直线合并后，前侧缝腋下腰省1.5cm的省量转至前刀背腰省中（图4-5-6）；后侧缝腋下腰省0.5cm的省量转至后刀背腰省中，后刀背腰省量2cm（图4-5-7）。

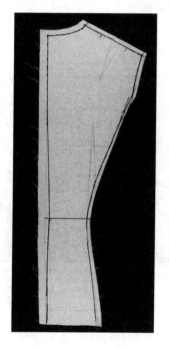

图4-5-1

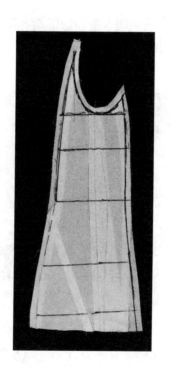

图4-5-2

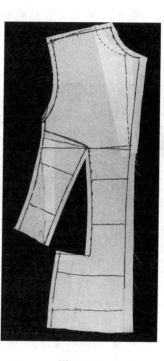

图4-5-3

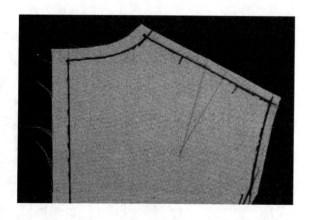

图4-5-4

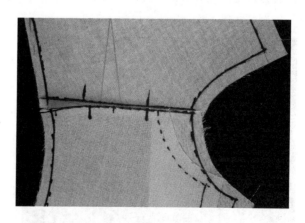

图4-5-5

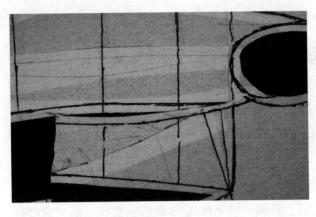

图4-5-6

图4-5-7

3．**前中胸省与腋下胸省量的转移**　前中胸省量和腋下胸省量转至胸部腰省中（图4-5-8），胸围线以上的前中心线向右偏移，俗称反撇胸（图4-5-9）。

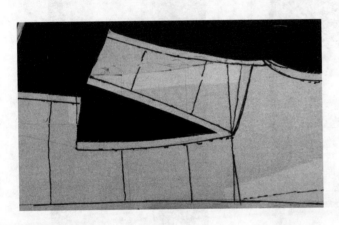

图4-5-8

图4-5-9

4．**侧缝胯部腰省量的转移**　前后片侧缝直线合并后，前片侧缝胯部腰省1cm省量转至前刀背腹胯腰省中，省量4cm（图4-5-10）；后片侧缝胯部腰省2cm省量，1cm转至后背缝中，1cm转至后刀背臀腰省中，后刀背臀腰省量7cm（图4-5-11）。

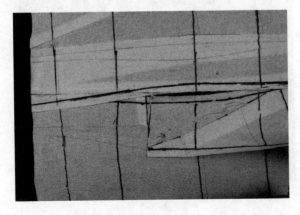

图4-5-10

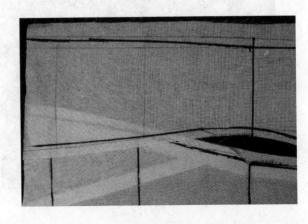

图4-5-11

第六节 X型六开衣身基本板型

X型六开衣身基本板型160/84Y规格见表4-6-1。

表4-6-1　　　　　　　　　　　　　　　　　　　　　　单位：cm

测量部位	尺寸	测量部位	尺寸	测量部位	尺寸
衣　长	60	总肩宽	38	前颈窝腰长	32.8
胸　围	83+4=87	肩　长	12	后颈中背腰长	36.5
胸下围	74	袖窿周长	36	颈肩点背腰长	38.8
胸点高	24	颈根围	33	后肩峰背腰长	33.5
胸点间距	16	腰　围	63+4=67	腹下围	79
胸　宽	32	前颈肩点腰长	39.5	臀上围高	18.5
背　宽	35	前肩峰腰长	33.5	臀　围	88+7=95

一、X型六开衣身前后片的平面制板步骤

依据X型六开衣身结构原理，分步骤制板如下。

1. **按四开衣身步骤制板调整后肩宽的设置**

①以后中心辅助线为基点，沿后落肩线取总肩宽数值38cm÷2+0.5cm=19.5cm，设置后肩宽点。

②自后领口宽线与后领口深线交点，至后肩宽点画后肩斜线，后肩斜线含1cm肩省量，不设置省型线（图4-6-1）。

2. **按四开结构衣身步骤制板调整前肩斜线的设置**　自前领口宽线与前领口深线交点，取后肩斜线测量数值12cm（不含后肩省量1cm），至前落肩线画前肩斜线，设0.1cm内弧线修正前肩斜线（图4-6-2）。

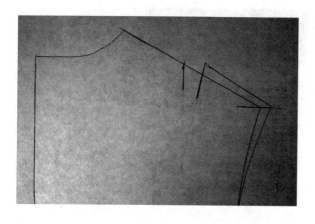

图4-6-1

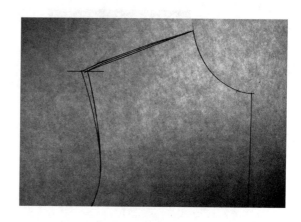

图4-6-2

3. **侧缝直线**　按四开结构衣身步骤制好四开结构衣身基本板型后，在前片基本板上，垂直于前胸围线画前侧缝直线；在后片基本板上，垂直于后胸围下落线画后侧缝直线（图4-6-3）。

4. **设置前刀背线**

①沿前颈肩点腰长线，取前侧缝直线与胸部腰省一侧省型线之间的1/2处，设置前刀背腰省的位置，将侧缝腋下腰省1.5cm的省量转移至前刀背腰省中，画线连接前胸围线（图4-6-4）。

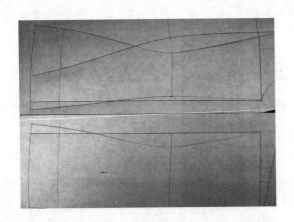 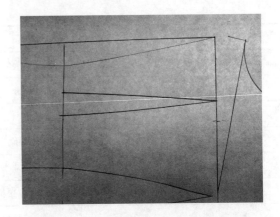

图4-6-3　　　　　　　　　　　　　　　　　　　图4-6-4

②以腋下胸省上线和前中胸省上线为基线，复制胸部板（图4-6-5），将胸部复制板合并板纸上的腋下胸省下线（图4-6-6），画前刀背线至前袖窿弧线（图4-6-7）。

③以前刀背腰省的两条省型线为基点，分别垂直于前颈肩点腰长线，在前臀围线上设置垂点，靠前侧缝直线一侧，以前臀围线垂点为基点，沿前臀围线向下，取侧缝胯部腰省分配省量2cm，设0.1cm弧线量，内弧线自前刀背腰省线至前臀围线画前刀背线并延长；靠前中心线一侧，以前臀围线垂点为基点，沿前臀围线向上，取腹胯腰省分配省量2cm，设0.1cm弧线量，内弧线自前刀背腰省线至前臀围线画前刀背线并延长（图4-6-8）。

 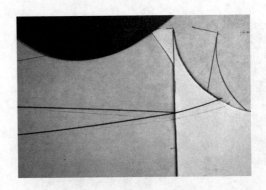

图4-6-5　　　　　　　　　　　　　　　　　图4-6-6

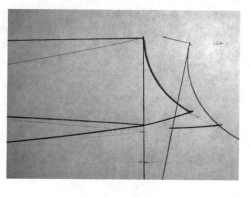

图4-6-7

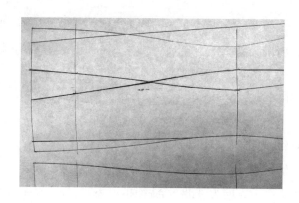

图4-6-8

5. 前中胸省与腋下胸省转至胸部腰省的步骤

①取前刀背胯部腰省与胸部腰省之间、前颈肩点腰长线向左5cm，平行前颈肩点腰长线画口袋线（图4-6-9）。

②分别剪净前刀背腰省与胸部腰省，剪开口袋线（图4-6-10）。

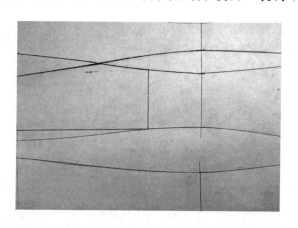

图4-6-9

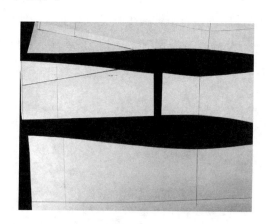

图4-6-10

③将前刀背胯部腰省、腹胯腰省之间和口袋线以下的板合并腹胯省（图4-6-11）。

④剪开前中心线至胸高点之间的胸围线，合并前中胸省（图4-6-12）。

图4-6-11

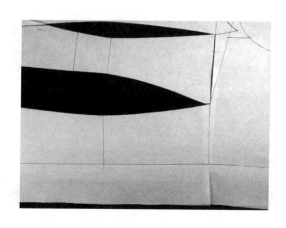

图4-6-12

⑤剪开前刀背线与胸点之间的胸围线，以胸点为基点，将前刀背线与胸部腰省线之间的板，合并腋下胸省的上线（图4-6-13）。

6. 设置后刀背线

①将前刀背线与前侧缝直线之间的板，与后片后侧缝直线拼接（图4-6-14）。

②以靠后背缝一侧肩胛骨腰省线为基点，画后刀背上线（板纸上方向为基准）至后袖窿弧线1/2处；以靠后侧缝直线一侧肩胛骨腰省线为基点，沿后腰围线向下，取侧缝腋下腰省分配省量0.5cm设置后刀背下线（板纸下方向为基准）腰围线点；以后胸围线与后刀背上线交点为基点，

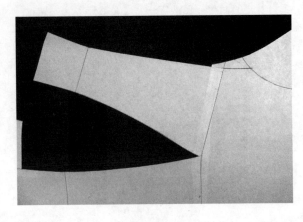

图4-6-13

沿后胸围线向下取0.6cm（后胸围线横切肩胛骨腰省量）设置后刀背下线胸围线点，自后刀背下线腰围线点经后刀背下线胸围线点至后刀背上线画后刀背下线（图4-6-15）。

③靠后侧缝直线一侧，沿后臀围线向上，取后侧缝胯部腰省分配省量2cm，设0.1cm弧线量，内弧线自后刀背下线腰围线点至臀围线画后刀背下线并延长（图4-6-16）。

7. 背缝线 沿臀围线向上，取侧缝胯部腰省分配省量1cm，自背缝腰省线与后腰围线交点，至臀围线画背缝线并延长（图4-6-17）。

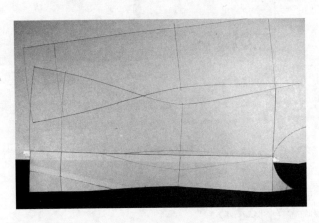

图4-6-14

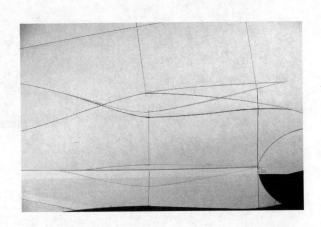

图4-6-15

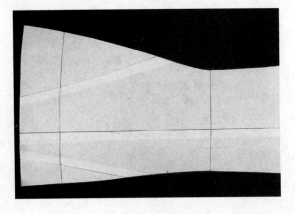

图4-6-16

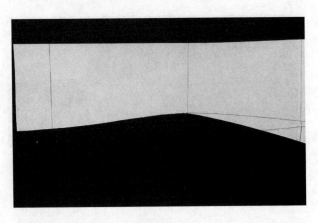

图4-6-17

8. **绘制底边线**　以后衣长线为基点，取衣长数值60cm设置底边线，以前臀围线为基点，合并后刀背线，画顺底边线（图4-6-18）。合并前刀背线，画顺底边线（图4-6-19）。

9. **标注丝缕线**　前后片分别垂直腰围线画丝缕线，侧片垂直后腰围线画丝缕线，线两端标上箭头，在丝缕线上标注板型名称（或人名）、款号、号型、衣片名称。

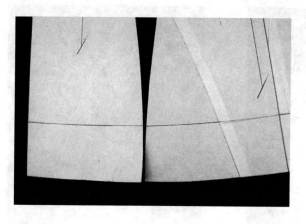

图4-6-18

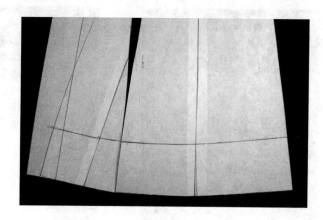

图4-6-19

二、X型六开衣身的基本板型（图4-6-20）

（注：数字对应制板步骤）

图4-6-20　X型六开衣身（160/84Y）

三、X型六开衣身的坯布缝制效果（图4-6-24）

X型六开衣身前面（图4-6-21），X型六开衣身侧面（图4-6-22），X型六开衣身后面（图4-6-23）。

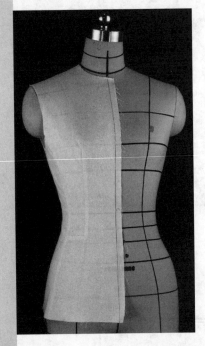

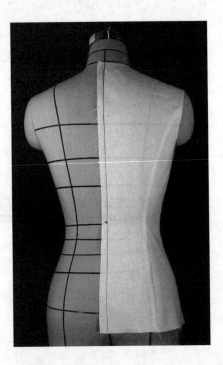

图4-6-21　前面　　　　　　　图4-6-22　侧面　　　　　　　图4-6-23　后面

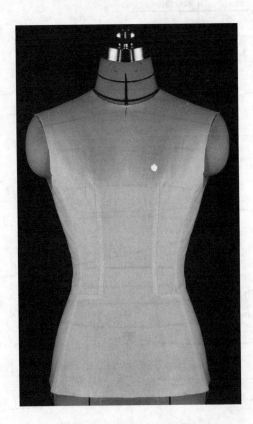

图4-6-24　X型六开衣身基本型

第七节　H型四开衣身基本型形成的立裁方法

下面通过详细的立裁方法来演示"H衣身造型"四开结构的基本型形成过程。

1. 前片板布定位

①取一块长70cm、宽30cm的全棉坯布，熨烫平整，平放在案板上，板布下方向上2cm处，画一条纵向直线为前中心线；板布右方向左28cm处，垂直前中心线画一条横向直线为胸围水平线。

②前片板布放上人台，将前中心线和胸围水平线分别与人台前中心标示线和胸围标示线相重叠，用珠针固定（图4-7-1）。

2. 腋下胸省的形成

①板布与人台胸围线以上的胸部与肩部之间相贴合，剪去前颈根围和肩部多余量，按人台前颈根围和肩缝标示线，在板布上标明前领窝线和前肩斜线（图4-7-2）。

②将板布与人台的肩部和胸部相贴时，所产生的多余量推至腋窝下，沿胸围水平线顺丝缕掐省，用珠针固定，在板布上标明省型线，剪去臂膀处多余量，按人台臂膀与躯干相接处，在板布上标明前袖窿弧线（图4-7-3）。

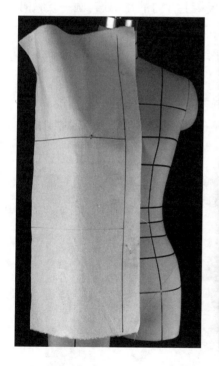 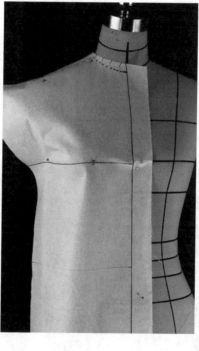 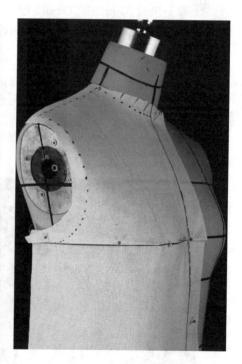

图4-7-1　　　　　　　　　　图4-7-2　　　　　　　　　　图4-7-3

3. 前中胸省的形成　板布与人台胸部的两乳之间相贴合，多余量沿胸围线顺丝缕掐省，用珠针固定，在板布上标明省型线，按人台前中心标示线，在板布上标明前中心线（图4-7-4）。

4. 前侧缝线的形成　板布自然下垂，按人台侧缝标示线、腰围标示线和臀围标示线，在板布上分别标明前侧缝线、腰围线和臀围线（图4-7-5）。

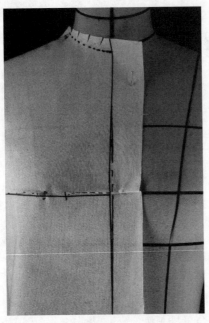

图4-7-4

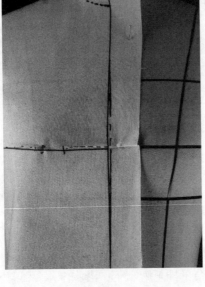

图4-7-5

5. 后片板布定位

①取一块长70cm、宽30cm的全棉坯布，熨烫平整，平放在案板上，板布上方向下2cm处，画一条纵向直线为后中心辅助线；板布右方向左18cm处，垂直后中心辅助线画一条横向直线为肩胛骨水平线。

②后片板布放上人台，将肩胛骨水平线以上的后中心线和肩胛骨水平线，分别与人台肩胛骨以上的后中心标示线和背宽标示线相重叠，用珠针固定（图4-7-6）。

6. 后侧缝线的形成　肩胛骨水平线以下板布自然下垂，保持适当的松量，与前侧缝拼接，用珠针固定（图4-7-7），按人台后胸围标示线、腰围标示线和臀围标示线，在板布上标明后胸围线、腰围线和臀围线（图4-7-8）。

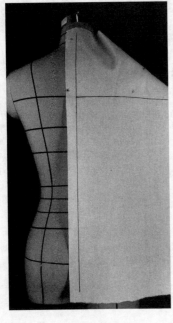

图4-7-6

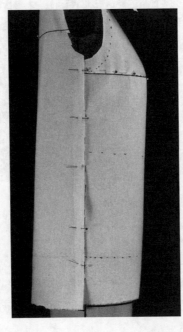

图4-7-7

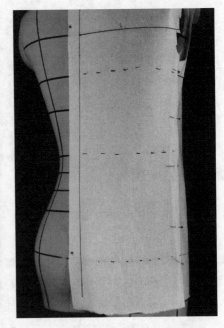

图4-7-8

7. 后肩省的形成

①板布与人台肩胛骨以上的颈肩部相贴合，剪去后领口多余量，用珠针固定；按人台后颈根围标示线，在板布上标明后领窝线。

②板布与人台臂膀与躯干相接处和肩部相贴合，多余量推向肩胛骨最高处，顺丝缕掐省，用珠针固定（图4-7-9），剪去肩部和臂膀处多余量，按人台肩缝标示线以及臂膀与躯干接合处，在板布上标明后肩斜线、省型线和后袖窿弧线（图4-7-10）。

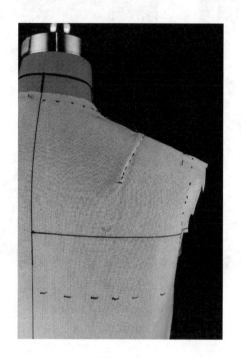
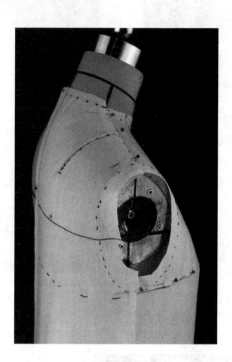

图4-7-9　　　　　　　　　　　　图4-7-10

第八节　H型四开衣身基本型形成的结构原理

板布从人台上取下熨平，放在案板上，用制板专用尺将前后片肩斜线、袖窿弧线、后中心线、前中心线、侧缝线、胸围线、腰围线、腹围线、臀围线和省线修饰画顺（图4-8-1、图4-8-2）。

1. H型四开衣身后片

①H型四开衣身后片的胸围线为直线，没有1cm的下落量。

②后领窝线、后落肩线、后肩斜线、后袖窿等部位所形成的原理，与X型四开衣身后片胸围线以上的部位相同（图4-8-3）。

2. H型四开衣身前片
H型四开衣身前片胸围线以上的前中胸省、腋下胸省、前领窝线、前落肩线、前肩斜线、前袖窿等部位所形成的原理，与X型四开衣身前片胸围线以上的部位相同（图4-8-4、图4-8-5）。

3. H型四开衣身胸围线以下的特性
H型四开衣身前后片胸围线以下不设置背缝腰省、肩胛骨腰省、侧缝腰省和胸部腰省，胸部围度量与臀部围度量相等，衣身造型呈H型（图4-8-6）。

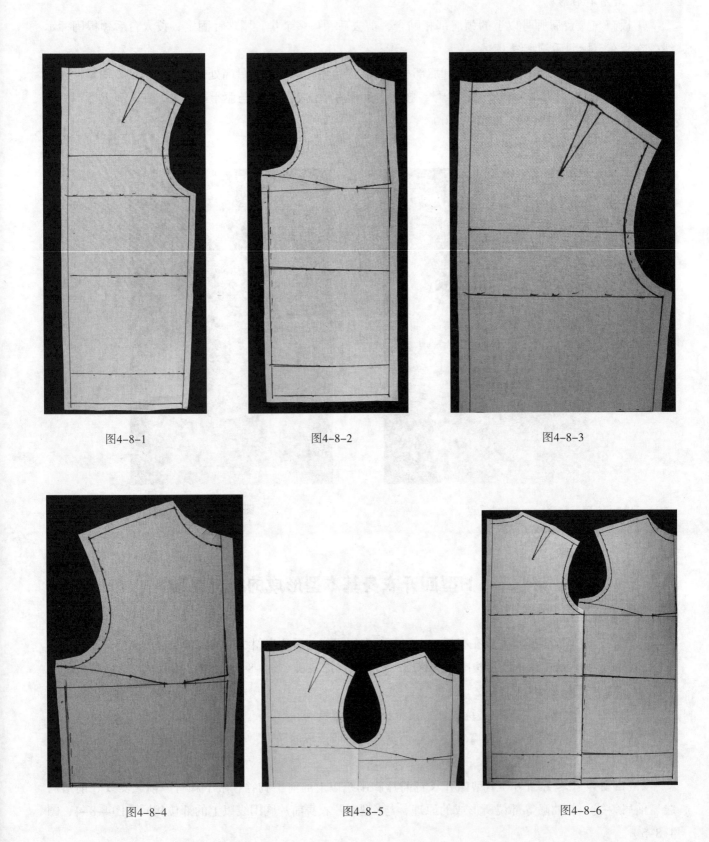

图4-8-1　　　　　　　　　　　图4-8-2　　　　　　　　　　　图4-8-3

图4-8-4　　　　　　　　　　　图4-8-5　　　　　　　　　　　图4-8-6

第九节　H型四开衣身基本板型

H型四开衣身基本板型160/84Y规格见表4-9-1。

表4-9-1　　　　　　　　　　　　　　　　　　　　　　单位：cm

测量部位	尺寸	测量部位	尺寸	测量部位	尺寸
衣长	60	总肩宽	38	前颈窝腰长	32.8
胸围	83+9=92	肩长	12.2	后颈中点背长	36.5
胸高	24	袖窿周长	36	颈肩点背腰长	38.8
胸点间距	16	颈围	33	后肩峰背腰长	33.5
胸宽	32	前颈肩点腰长	39.5	臀上围高	18.5
背宽	35	前肩峰腰长	33.5	臀围	88+5=92

一、H型四开衣身前后片的平面制板步骤

依据H型四开衣身结构原理，分步骤制板如下。

1. **前中心线**　板纸下方距板纸边2～3cm处，画前中心线。

2. **腰围线**　板纸右方距板纸边43cm处，垂直于前中心线画腰围线。

3. **前颈肩点腰长线**　以腰围线为基线向左设定值0.6cm（提示：0.6cm设定值视胸部的高低而定，胸部高设定值则大，胸部低设定值则小），平行腰围线画前颈肩点腰长线至胸高点垂点。

4. **前衣长线**　前颈肩点腰长线向右，取前颈肩点腰长数值39.5 cm，垂直于前中心线画前衣长线。

5. **前领口宽线**　以前中心线与衣长线交点为基点，沿衣长线向上，取颈根围数值33cm×0.2-0.5cm=6.1cm，垂直于衣长线画前领口宽线。

6. **前领口深线**　以前中心线与衣长线交点为基点，沿前中心线向下，取颈根围数值33cm×0.2-0.5cm=6.1cm，垂直于前中心线画前领口深线。

7. **前领窝线**　在前领口宽线与前领口深线的角分线上，设定值2.5～2.8cm设置前领窝角分线点，自前领口宽线与前领口深线交点、经前领窝角分线点至前中心线沿前领口深线向上1cm处画前领窝线。

8. **前胸围线**　前衣长线向左，取胸高数值24cm，垂直于前中心线画前胸围线。

9. **胸点**　以前中心线与胸围线交点为基点，沿胸围线向上，取胸点间距数值16cm÷2=8cm，设置胸点。

10. **腋下胸省**　以前中心线与前胸围线交点为基点，沿前胸围线向上，取净胸围数值83cm÷4+1.5cm=22.25cm，设置腋下胸省点，腋下胸省点向右，取前颈肩点腰长数值与后颈中背腰长数值相减的差量即39.5cm-36.5cm=3cm，自胸点经腋下胸省点画腋下胸省线并延长。

11. **前中胸省**　以胸点为基点，沿前胸围线向下3cm，设置前中胸省尖点，以前胸围线与前中心线交点为基点，沿前中心线向右，取前颈肩点腰长数值减去前颈窝腰长数值再减去前领口深数值即39.5cm-32.8cm-6.1cm=0.6 cm，设置前中胸省起点，自前中胸省起点至前中胸省尖点画前中胸省线。

12. **胸宽线**　以前中心线与前胸围线交点为基点，沿前胸围线向上，取胸宽数值32cm÷2=16cm，垂直于胸围线画胸宽线。

13. **前侧缝线上段**　以前中心线与胸围线交点为基点，沿胸围线向上，取胸围数值92cm÷4+1.5cm=24.5cm，垂直于胸围线至腰围线画前侧缝线上段。

14. **前颈肩点腰长延长线**　自前颈肩点腰长线上的胸高垂点，至前侧缝线与前腰围线交点画前颈肩点腰长延长线。

15. **前落肩线**　以前颈肩点腰长延长线为基点，沿胸宽线向右取前肩峰腰长数值33.5cm，垂直于前胸宽线画前落肩线（不包含前肩峰腰长竖切腋下胸省量）。

16. **前肩斜线**　以前领口宽线与前衣长线交点为基点，取后肩长数值12.2cm（不包含后肩省量的后肩斜线测量数值），连接前落肩线画前肩斜线。

17. **前袖窿弧线**　以腋下胸省尖点为基点，腋下胸省上线与前胸围线的长度相等；在腋下胸省上线与前胸宽线的角分线上，设定值3.5cm设置前袖窿弧线角分线点；自前侧缝线沿腋下省上线1cm处为起点，经前袖窿弧线角分线点、经胸宽线至前肩斜线与前落肩线交点画前袖窿弧线。

18. **前臀围线**　前颈肩点腰长线向左，取臀上围高数值18.5cm，平行于前颈肩点腰长线、前颈肩点腰长延长线画前臀围线。

19. **前侧缝线下段**　以前侧缝线上段与前腰围线交点为基点，垂直于前颈点腰长延长线至前臀围线画前侧缝线下段并延长。

20. **前底边线**　以后片衣长为基准，平行于臀围线画前底边线。

21. **后中心线**　板纸上方距板纸边2~3cm处，画后中心线。

22. **后腰围线**　板纸右方距板纸边43cm处，垂直于后中心线画后腰围线。

23. **后衣长线**　以后腰围线为基线向右，取后颈中背腰长数值36.5cm，垂直于后中心线画后衣长线。

24. **后领口深线**　以后腰围线为基线向右，取后颈肩点背腰长数值38.8cm，平行于后衣长线画后领口深线。

25. **后领口宽线**　以后中心线与后衣长线交点为基点，沿后衣长线向下，取前领口宽数值6.1cm+1.3cm（定值）=7.4cm，垂直于后衣长线画后领口宽线。

26. **后领窝线**　在后衣长线与后领口宽线交点的角分线上，设定值1.5cm设置后领窝线角分线点；自后领口宽/2处为起点，经后领窝线角分线点至后领口深线与后领口宽线交点画后领窝线。

27. **后胸围线**　以后腰围线为基线向右，取前腰围线至前胸围线测量数值14.5cm，平行于后腰围线画后胸围线。

28. **背宽线**　以后中心线为基点沿后胸围线向下，取背宽数值35cm÷2=17.5cm，垂直于后胸围线画背宽线。

29. **后侧缝线**　以后中心线与后胸围线交点为基点，沿后胸围线向下，取胸围数值92cm÷4-1.5cm+0.6cm（后胸围线横切肩胛骨腰省量）+0.5cm（后胸围线横切背缝腰省量）=22.6cm，垂直于胸围线至臀围线画后侧缝线并延长。

30. **后落肩线与后肩宽点**
①以后腰围线为基点，沿背宽线向上取后肩峰背腰长数值33.5cm，垂直于后中心线画后落肩线。
②以后中心线为基点，沿后落肩线取总肩宽数值38cm÷2+1cm（后肩宽线横切后肩省量）=20cm，设置后肩宽点。

31. **后肩斜线与后肩省**
①自后领口深线与后领口宽线交点至后肩宽点画后肩斜线。

②自后肩斜线的1/2处，至肩胛骨最高处画后肩省中心线，沿后肩省中心线取定值8.5cm设置后肩省尖点，以后肩省中心线为基线，沿后肩斜线上下，各取肩省量（1.5cm）的1/2即0.75cm设置后肩省起点，分别自后肩省起点至后肩省尖点画后肩省线。

32. **后袖窿弧线**　在后胸围线与背宽线的角分线上，设定值2.5cm设置后袖窿弧线角分线点；自后侧缝线、经后袖窿弧线角分线点、背宽线至后肩斜线与后落肩线交点画后袖窿弧线。

33. **臀围线**　以后腰围线为基线向左，取臀上围高数值18.5cm，平行于后腰围线画臀围线。

34. **后摆围线**　以后衣长线为基线向左，取衣长数值60cm，垂直于后中心线画后摆围线。

35. **绘制肩省起翘线与前后肩斜线**

①剪开肩省一边省型线，对齐合并肩省用胶带黏合，设0.1cm外弧线画顺后肩斜线（图4-9-1）。

②后领口宽点和后肩峰点对齐前领口宽点和前肩峰点，设0.1cm内弧线画顺前肩斜线（图4-9-2）。

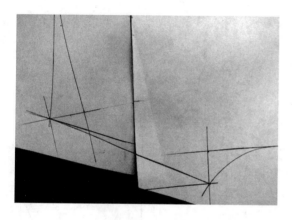

图4-9-1

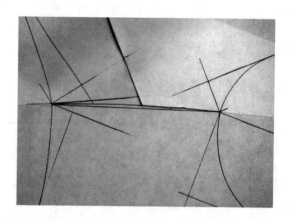

图4-9-2

36. **绘制前中胸省起翘线**　剪开前中胸省一边省型线，对齐合并用胶带黏合，弧线画顺前中心线（图4-9-3）。

37. **绘制前后领窝线**　后领口宽点对齐前领口宽点，画顺前后领窝线（图4-9-4）。

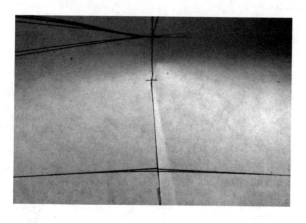

图4-9-3

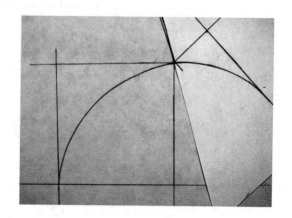

图4-9-4

38. **绘制前后袖窿弧线**

①后肩峰点对齐前肩峰点，画顺前后袖窿上线（图4-9-5）。

②对齐前后侧缝线，画顺前后袖窿底线（图4-9-6）。

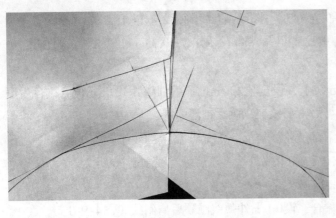

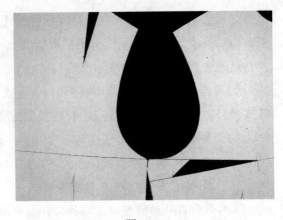

图4-9-5

图4-9-6

39. **标注丝缕线** 前后片分别平行前后胸围线画丝缕线，线两端标上箭头，在丝缕线上标注板型名称（或人名）、款号、号型、衣片名称。

二、H型四开衣身的基本板型（图4-9-7）

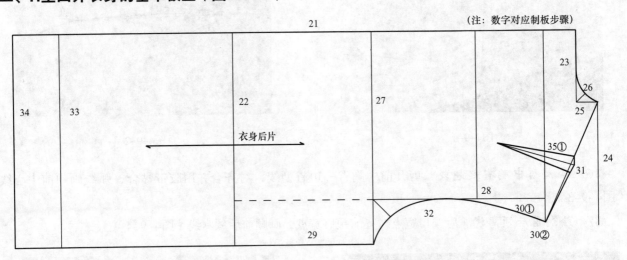

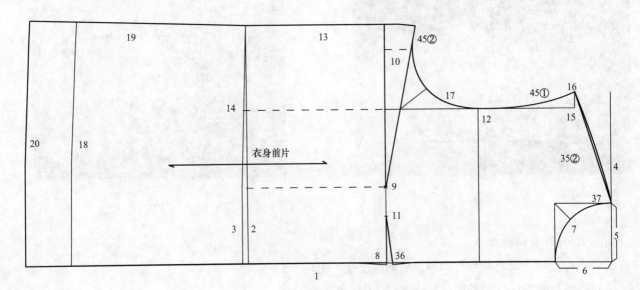

图4-9-7 H型四开衣身（160/84Y）

三、H型四开衣身的坯布缝制效果（图4-9-11）

H型四开衣身前面（图4-9-8），H型四开衣身侧面（图4-9-9），H型四开衣身后面（图4-9-10）。

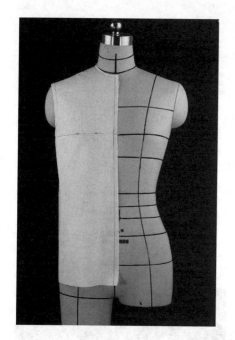

图4-9-8　前面

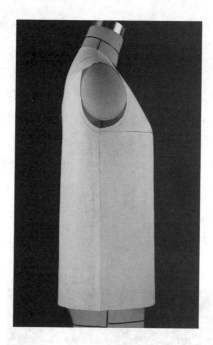

图4-9-9　侧面

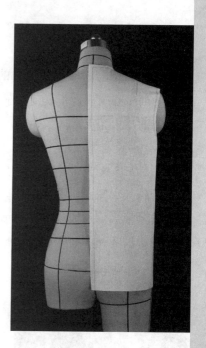

图4-9-10　后面

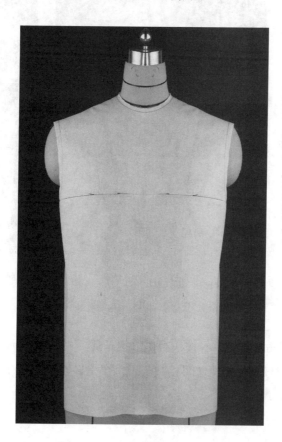

图4-9-11　H型四开衣身基本型

第十节 A型四开衣身基本型形成的立裁方法

下面通过详细的立裁方法来演示"A衣身造型"四开结构的基本型形成过程。

1. 前片板布定位

①取一块长70cm、宽40cm的全棉坯布，熨烫平整，平放在案板上，板布下方向上3cm处，画一条纵向直线为前中心线；板布右方向左28cm处，垂直于前中心线画一条横向直线为胸围水平线。

②前片板布放上人台，将前中心线和胸围水平线分别与人台前中心和胸围标示线相重叠，用珠针固定（图4-10-1）。

2. 转移腋下胸省 将胸点以上的前中心线与人台前中心标示线相重叠，剪去前颈根围多余量，板布与人台胸部和侧面相贴合，腋下多余量转至胸点以下，用珠针固定（图4-10-2），剪去臂膀处多余量，按人台前颈根围标示线、肩缝标示线、前胸围标示线和臂膀与躯干相接处，在板布上标明前领窝线、前肩斜线、前胸围线和前袖窿弧线（图4-10-3）。

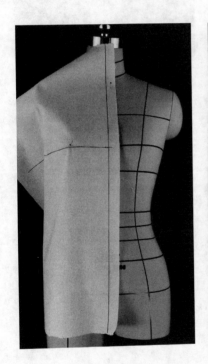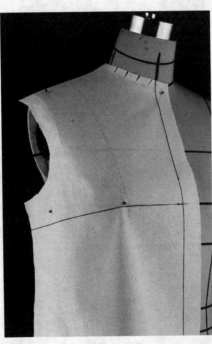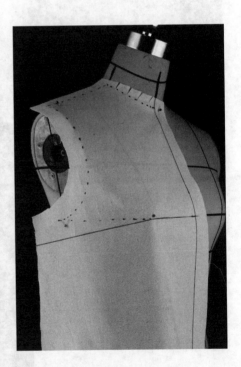

图4-10-1   图4-10-2   图4-10-3

3. 前侧缝线的形成 板布自然下垂，按人台侧缝标示线，在板布上标明前侧缝线（图4-10-4）。

4. 转移前中胸省 板布与人台两乳之间相贴合，多余量转至胸点以下，按人台胸围线以下前中心标示线，在板布上标明前中心线（图4-10-5）。

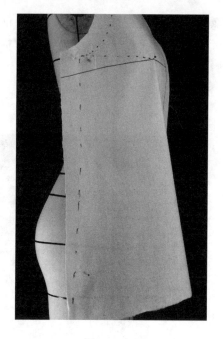

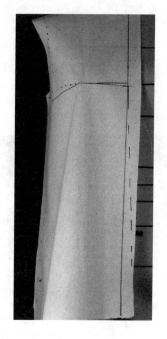

图4-10-4　　　　　　　　　　　　　　图4-10-5

5. 后片板布定位

①取一块长70cm、宽40cm的全棉坯布，熨烫平整，平放在案板上，板布上方向下2cm处，画一条纵向直线为后中心线；板布右方向左18cm处，垂直于后中心线画一条横向直线为肩胛骨水平线。

②后片板布放上人台，将肩胛骨水平线以上的后中心线和肩胛骨水平线，分别与人台肩胛骨以上的后中心标示线和背宽标示线相重叠，用珠针固定（图4-10-6）。

6. 转移后肩省　肩胛骨水平线以上板布与人台肩部相贴合，多余量转至肩胛骨以下（图4-10-7），剪去后颈根围多余量，按人台后颈根围标示线，在板布上标明后领窝线；剪去肩部多余量，按人台肩缝标示线，在板布上标明后肩斜线，与前片肩斜线拼接，用珠针固定（图4-10-8）。

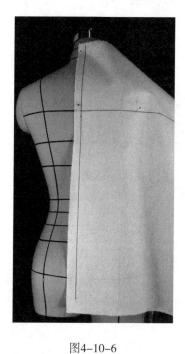

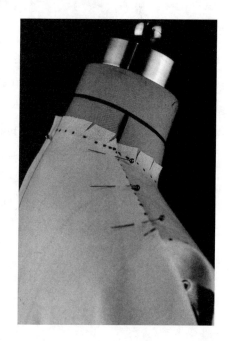

图4-10-6　　　　　　　　　　　图4-10-7　　　　　　　　　　　图4-10-8

7. 后侧缝线的形成　肩胛骨水平线以下板布自然下垂，保持自然形成的松量，与前侧缝拼接，用珠针固定，在后片板布上标明后侧缝线（图4-10-9）；剪去臂膀处多余量，按人台后胸围标示线、臀围标示线后和臂膀与躯干相接处，在板布上标明后胸围线、臀围线和后袖窿弧线（图4-10-10）。

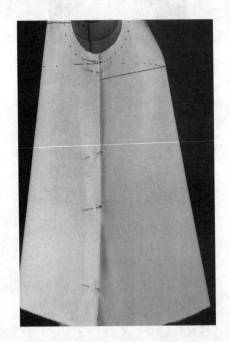 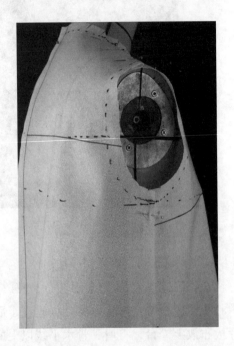

图4-10-9　　　　　　　　　　　　　　　　　图4-10-10

第十一节　A型四开衣身基本型形成的结构原理

板布从人台上取下熨平，放在案板上，用制板专用尺将前后片肩斜线、袖窿弧线、后中心线、前中心线、侧缝线、胸围线、摆围线修饰画顺（图4-11-1、图4-11-2）。

1. A型四开衣身后片　A型四开衣身的后片领窝、落肩、肩斜线、袖窿等部位，所形成的原理与H型四开衣身后片胸围线以上的部位相同（图4-11-3）；后肩省量转移至摆围，后胸围线与摆围线形呈上翘扇形，衣身造型呈A型（图4-11-4）。

2. A型四开衣身前片　A型四开衣身的前片领窝、落肩、肩斜线、袖窿等部位，所形成的原理与H型四开衣身前片胸围线以上的部位相同（图4-11-3）；前中胸省和腋下胸省量转移至下摆围，前胸围线与摆围线形呈上翘扇形，衣身造型呈A型（图4-11-4）。

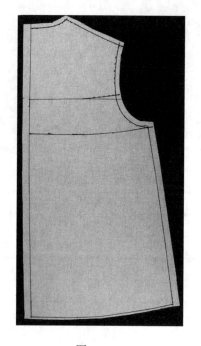

图4-11-1

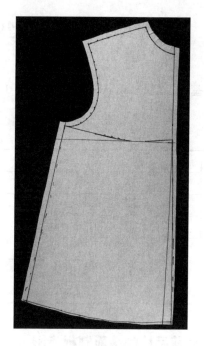

图4-11-2

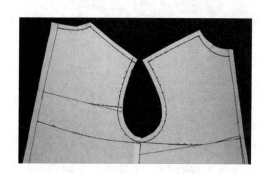

图4-11-3

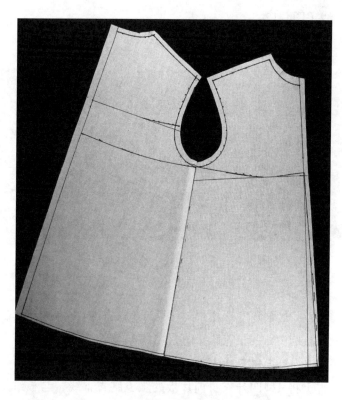

图4-11-4

第十二节 A型四开衣身基本板型

A型四开衣身基本板型160/84Y规格见表4-12-1。

表4-12-1 单位：cm

测量部位	尺寸	测量部位	尺寸	测量部位	尺寸
衣长	62	总肩宽	38	前颈窝腰长	32.8
胸围	83+13=96	省长	12.2	后颈中背腰长	36.5
胸点高	24	袖窿周长	36	颈肩点背腰长	38.8
胸点间距	16	颈围	33	后肩峰背腰长	33.5
胸宽	32	前颈肩点腰长	39.3	臀上围高	18.5
背宽	35	前肩峰腰长	33.5		

一、A型四开衣身前后片的平面制板步骤

依据A型四开衣身结构原理，分步骤制板如下。

1. 按H型四开衣身前片平面制板步骤，制好H型四开衣身前片板，将制好的前片板放在板纸上（图4-12-1），在板纸上复制前中胸省上线、前中心线上段线、前领窝线、前肩斜线、前袖窿弧线和腋下胸省上线（图4-12-2）。

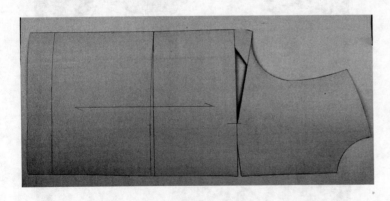

图4-12-1

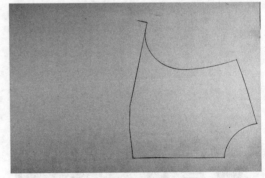

图4-12-2

2. **合并前中胸省** 将H型四开衣身前片板的前中胸省下线，与板纸上的前中胸省上线合并，在板纸上复制前中心线下段线（图4-12-3）。

3. **合并腋下胸省**

①将H型四开衣身前片板的腋下胸省下线，与板纸上的腋下胸省上线合并，在板纸上复制前侧缝线（图4-12-4）。

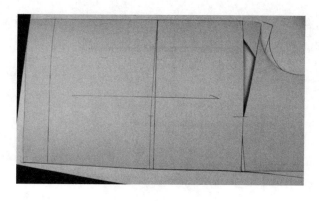

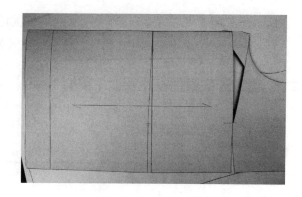

图4-12-3 图4-12-4

②平行前胸围线画顺前摆围线（图4-12-5）。

4. 按H型四开衣身后片平面制板步骤，制好H型四开衣身后片板，将制好的后片板放在板纸上，在板纸上复制后中心线、后领窝线、后肩斜线及靠后领窝一侧的后肩省线（图4-12-6）。

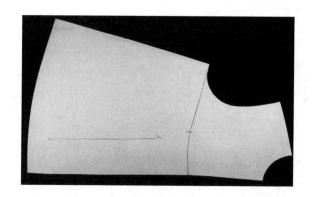

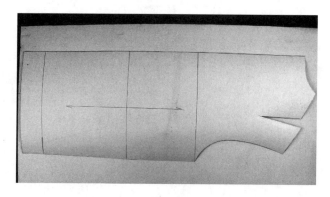

图4-12-5 图4-12-6

5. 合并后肩省

①将H型四开衣身后片板上靠后袖窿一侧的后肩省线，与板纸上靠后领窝一侧的后肩省线合并，在板纸上复制后肩斜线、后袖窿弧线和后侧缝线（图4-12-7）。

②平行后胸围线画顺后摆围线（图4-12-8）。

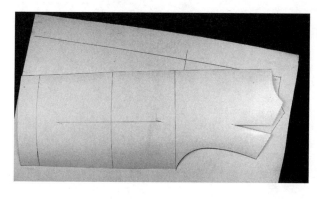

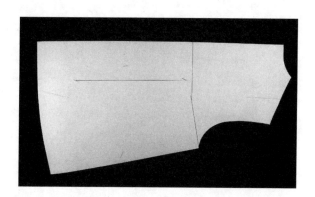

图4-12-7 图4-12-8

6. **标注丝缕线**　后片分别平行于后中心线画丝缕线，前片平行于搭门下线画丝缕线，线两端标上箭头，在丝缕线上标注板型名称、款号、号型、或人名、衣片名称。

二、A型四开衣身的基本板型（图4-12-9）

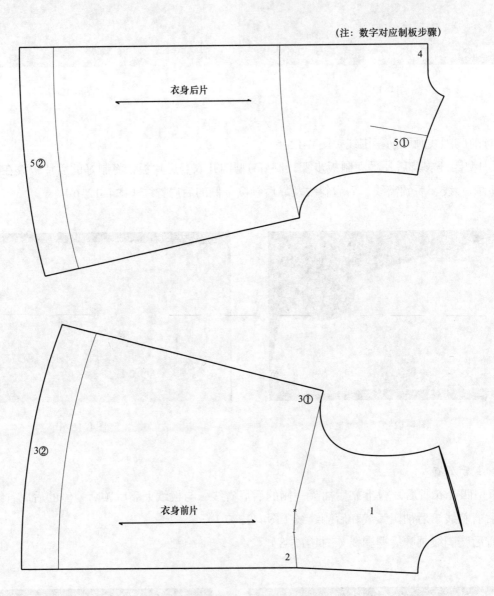

（注：数字对应制板步骤）

衣身后片

5②

5①

4

衣身前片

3②

3①

1

2

图4-12-9　A型四开衣身（160/84Y）

三、A型四开衣身的坯布缝制效果（图4-12-13）

A型四开衣身前面（图4-12-10），A型四开衣身侧面（图4-12-11），A型四开衣身后面（图4-12-12）。

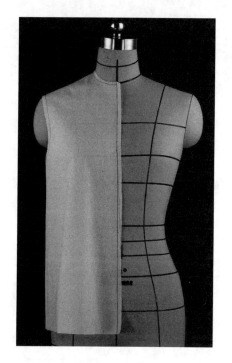

图4-12-10　前面

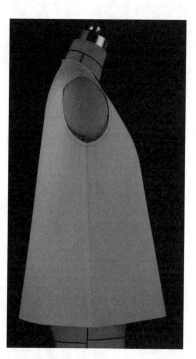

图4-12-11　侧面

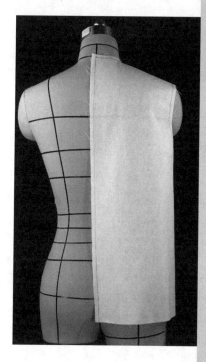

图4-12-12　后面

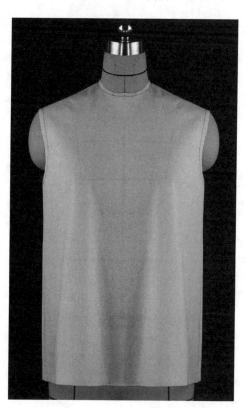

图4-12-13　A型四开衣身基本型

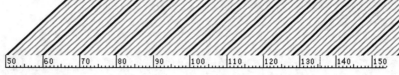

第五章　袖基本型

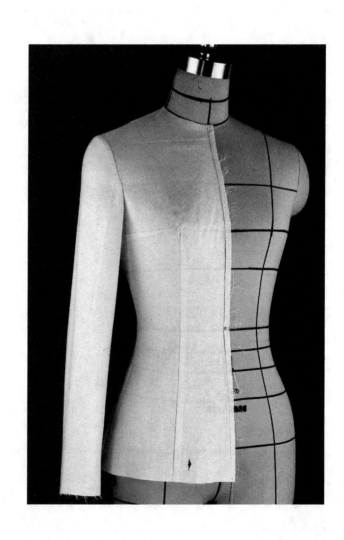

> **手臂特征**：手臂为圆柱状，肘部以上手臂与身体连接与肩峰保持自然垂直，肘部以下手臂略向前自然弯曲。
>
> **"袖基本型"** 是依据人体手臂的形状，经过剪裁形成的立体基本型。"袖基本板型"是袖基本型由立体展开成平面后，所形成的基本形状，如人体的第二层皮肤，承载着袖基本板型形成的结构原理。在袖基本板型的基础上，根据不同面料性能和结构原理，可以变化成两片袖、一片袖、插肩袖、落肩袖等各种不同的袖型。

讲解袖的形成，用平面制板的方法比立裁制板的方法更容易理解，本章采用平面制板的方式，重点描述袖基本型形成的步骤和结构原理，以及袖窿弧线与袖山弧线之间的结构原理。

第一节　袖基本型形成的平面制板步骤和结构原理

袖基本板型160/64Y规格见表5-1-1。

表5-1-1　　　　　　　　　　　　　　　　　　　　　　　　　　　　　单位：cm

测量部位	袖长	袖围	袖肘（短袖）	袖肘（长袖）	袖肘围	袖口
尺寸	50.5	30	27	32	27	22

一、袖基本型的平面制板步骤

1. **袖围中线**　板纸上沿水平方向画一直线为袖围中线。

2. **袖山深（高）线**　自板纸右侧向左16cm处垂直于袖围中线画袖山深线。

3. **袖长线**　袖山深线向右取袖围数值30cm÷2=15cm，平行于袖山深线画袖长线。

4. **袖肘线**　袖长线向左取袖肘（长袖）数值32cm，平行于袖山深线画袖肘线（提示：长袖以上臂后长数据设置袖肘线，短袖以上臂前长数据设置袖肘线）。

5. **袖子基本线**　袖长线向左取袖长数值50.5cm，平行于袖肘线画袖子基本线。

6. **前后袖围线**

①以袖围中线与袖山深线交点为基点，沿袖山深线上下，各取袖围数值30cm÷2=15cm设置前后袖围宽点。

②以袖围中线与袖子基本线交点为基点，沿袖子基本线上下，各取袖口数值22cm÷2=11cm设置前后袖口宽点。

③袖围中线上下，分别自袖围宽点至袖口宽点画前后袖围线。

7. **袖肘以下袖围中偏线与前后袖围偏线**

①以袖围中线与袖子基本线交点为基点，沿袖子基本线向下，取设定值2cm，连接袖围中线与袖肘线交点画袖围中偏线。

②袖围中线上下，以袖围线与袖子基本线交点为基点，沿袖子基本线向下，各取设定值2cm，分别连接袖围线与袖肘线交点画前后袖围偏线。

8. **后偏袖线**　以袖围中线为基点，沿袖山深线向上至袖围线之间1/2处，设置后偏袖线上点；以袖围中线为基点，沿袖肘线向上至后袖围线之间1/2处，设置后偏袖线中点；以袖围中偏线为基点，沿袖子基本线向上至后袖围偏线之间1/2处，设置后偏袖线下点，自后偏袖线上点、经后偏袖线中点至后偏袖线下点画后偏袖线（图5-1-1）。

9. **前偏袖线** 以袖围中线为基点，沿袖山深线向下至前袖围线之间1/2处，设置前偏袖线上点；以袖围中线为基点，沿袖肘线向下至前袖围线之间1/2处，设置前偏袖线中点；以袖围中偏线为基点，沿袖子基本线向下至前袖围偏线之间1/2处，设置前偏袖线下点，自前偏袖线上点、经前偏袖线中点至前偏袖线下点画前偏袖线（图5-1-1）。

10. **袖肘弯拔开量的形成** 剪净前袖围线，沿袖肘线自前袖围线至前偏袖线剪开（图5-1-2）；分别对折袖肘线上段和下段的前偏袖线（图5-1-3），因袖肘线下段向前弯曲，自前袖围线至前偏袖线形成1.3cm的缺损量，缺损长度7cm，缺损量由多到少，逐渐消失（图5-1-4）。

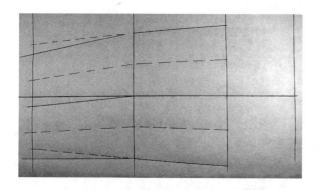

图5-1-1

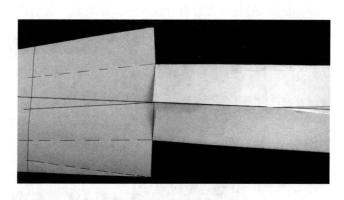

图5-1-2

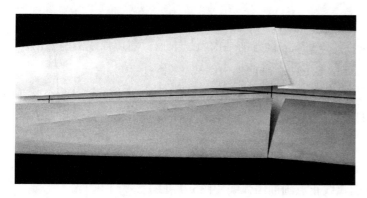

图5-1-3

图5-1-4

11. **袖肘省的形成** 剪净后袖围线，以袖肘线与后偏袖线交点为基点，垂直于后袖围线至后偏袖线剪开（图5-1-2），分别对折袖肘线上段和下段的后偏袖线（图5-1-3），因袖肘线下段向前弯曲，自后袖围线至后偏袖线出现重叠量（图5-1-3），剪净重叠量，展开后形成袖肘省道，省量1.3cm，省长7cm，省型线为直线（图5-1-5）。

12. **袖口线** 对折前后偏袖线（图5-1-3），复制袖子基本线，以后袖围偏线与袖子基本线交点为基点，垂直于后偏袖线，画袖口线。以前袖围偏线与袖子基本线交点为基点，垂直于前偏袖线，画袖口线（图5-1-6）。展开后形成的袖口线（图5-1-7）。

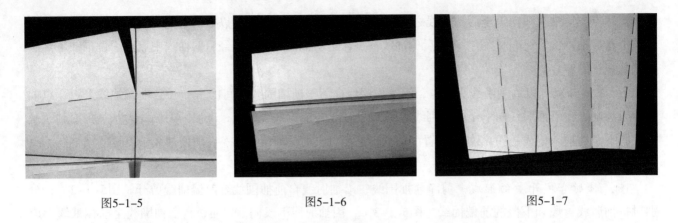

图5-1-5 　　　　　　　　　　　　　图5-1-6 　　　　　　　　　　　　　图5-1-7

13. 袖山深下落线　对折前后偏袖线，复制袖山深线（图5-1-8），展开前后偏袖线，袖山深线自前后偏袖线至前后袖围线均下落0.5cm，并垂直于前后袖围线（图5-1-9）。

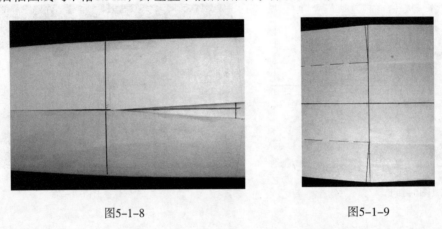

图5-1-8 　　　　　　　　　　　　　图5-1-9

14. 前袖山弧线的形成

①袖围中线沿袖长线向下，取袖围数值30cm÷8=3.75cm设置前袖山斜线上点；前偏袖线沿前袖山深下落线向下，取设定值2cm设置前袖山斜线下点，连接上下两点画前袖山斜线（图5-1-10）。

②前袖山斜线1/3处设置袖山弧线止点，在袖长线与前袖山斜线的角分线上，设定值1.5~1.8cm设置袖山弧线角分线点，沿前袖山斜线，自袖长线与袖围中线交点、经袖山弧线角分线点至袖山弧线止点画袖山弧线。

③在前袖山深下落线与前袖山斜线的角分线上，设定值1.5cm设置袖山弧线角分线点，沿前袖山斜线，自前袖山深下落线、经袖山弧线角分线点至袖山弧线止点画袖山弧线（图5-1-11）。

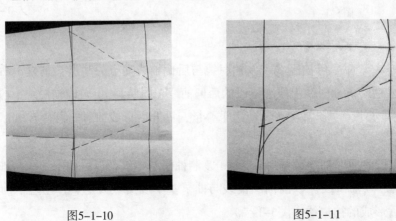

图5-1-10 　　　　　　　　　　　　　图5-1-11

15. **后袖山弧线的形成**

①袖围中线沿袖长线向上，取袖围数值30cm÷8=3.75cm设置后袖山斜线上点；后袖围线沿后袖山深下落线向下，取设定值1cm设置后袖山斜线下点，连接上下两点画后袖山斜线（图5-1-10）。

②以后偏袖线与后袖山斜线交点为基点，沿后偏袖线向右取设定值0.3cm设置后袖山弧线点；在袖长线与后袖山斜线的角分线上，设定值1cm设置袖山弧线角分线点，沿后袖山斜线，自袖围中线与袖长线交点、经袖山弧线角分线点、后袖山弧线点至后袖山斜线画袖山弧线。

③在后袖山深下落线与后袖山斜线的角分线上，设定值0.5cm设置袖山弧线角分线点，沿后袖山斜线，自后袖山深下落线、经袖山弧线角分线点至后袖山斜线画袖山弧线（图5-1-12）；对折前后偏袖线，画顺袖山底弧线（图5-1-13）。

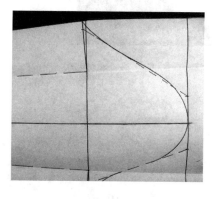 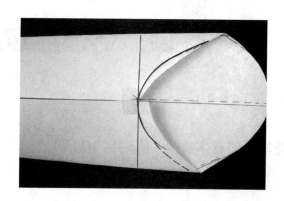

图5-1-12　　　　　　　　　　　　　　　图5-1-13

16. **标注丝缕线**　平行袖围中线画丝缕线，线两端标上箭头，在丝缕线上标注板型名称（或人名）、款号、号型、袖片名称。

二、成型的袖基本型（图5-1-14）

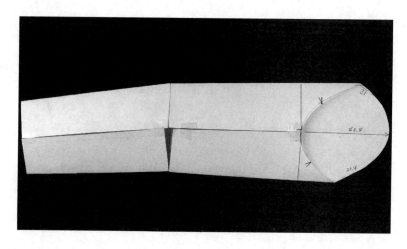

图5-1-14

三、展开的袖基本板型（图5-1-15）

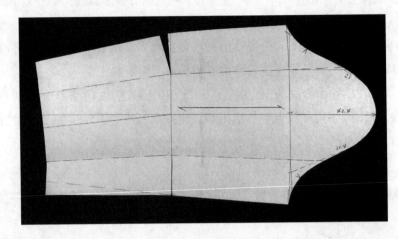

图5-1-15

四、袖基本型的基本板型（图5-1-16）

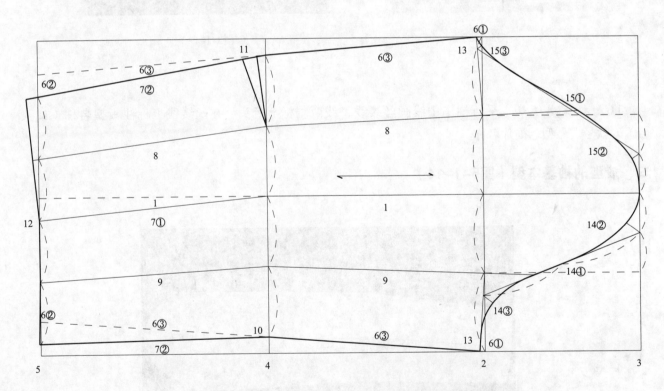

图5-1-16　袖基本型（160/84Y）（注：数字对应制板步骤）

第二节　袖山弧线与袖窿设置的结构原理

　　人体臂膀在活动时与躯干构成A形态，腋窝基点如同A形态的顶端点，人在正常活动时，手臂抬起的角度大致在45°角范围内，袖山斜线角分袖围中线与袖长线的角度为45°~48°角时，合体袖型的袖窿底越接近腋窝基点，抬手活动就会越舒适，且能保持袖型合体与美观。

　　胸围线以胸点为基本点进行设置，身高与胸围相同的体型，胸型与胸点出现高低差异的概率很大，腋窝基点出现高低差异的概率极小，因此，胸围线与袖窿深线需要分开进行设置，不能等同设置。

　　袖窿深线的设置：袖围量以袖型视觉效果及活动舒适进行设置，袖山弧线量依随袖围量自动生成，袖窿深线则依据袖山弧线量进行设置。袖围量设置小，袖山弧线量则小，袖窿深线设置则浅；袖围量设置大，袖山弧线量则大，袖窿深线设置则深；袖围量的大小与袖窿深线的深浅成正比时，抬手活动才能舒适。

　　绱袖吃量的设置：绱袖吃量根据面料纱支密度的大小和肩部塑型的视觉效果，合体袖型绱袖吃量可任意设置在1~4cm之间。

一、设置袖窿深线与绱袖点的步骤

1. 设置袖窿吃量

　　①测量袖窿弧长，前袖窿弧长21.3cm，后袖窿弧长20.8cm，合计袖窿弧长42.5cm（图5-2-1）。

　　②测量袖山弧长（图5-2-2），以袖围中线为基点，前袖山弧长21.4cm，后袖山弧长21cm，合计袖山弧长42.4cm（图5-2-3）。

图5-2-1

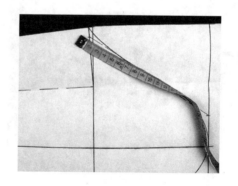

图5-2-2

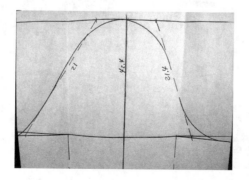

图5-2-3

③袖窿弧长与袖山弧长相减，袖窿弧长大于袖山弧长0.1cm。设置袖窿吃量2cm时，袖窿弧长量需要减少1.9cm，袖山弧长量则需要增加1.9cm。

2. 设置袖窿深线与袖山吃量

①以腋下胸省上线为基线，向右取调整数值0.7cm画前袖窿深线，画顺前袖山弧线。

②以后胸围下落线为基线，向右取调整数值0.7cm画后袖窿深线，画顺后袖山弧线（图5-2-4）。

③测量调整后的后袖窿弧长19.8cm，前袖窿弧长20.6cm，合计袖窿弧长40.4cm，与袖山弧长42.4cm相减，差量2cm为袖山吃量。

3. 设置袖窿与袖山缩袖点

①袖山以袖围中线和袖围线为基点，袖窿以前后肩峰点和侧缝线为基点，前后袖窿平分2cm袖山吃量。

②以后袖窿与后袖山为基准，后袖窿弧长19.8cm，后袖山弧长21cm，后袖山弧长加袖山吃量应为20.8cm，多出0.2cm。

③设置缩袖点方式1：

a：袖山以袖围中线为基线，袖围中线向后平移0.1cm，设置袖山上下缩袖点。

b：将后袖窿深线与后袖山深线相重叠，后侧缝线对准袖山底缩袖点（图5-2-5），前侧缝线对齐后侧缝线，袖山底弧线与袖窿底弧线相重叠（图5-2-6），在前后袖山弧线与前后袖窿弧线的分叉处设置缩袖点（图5-2-7）（提示：如后袖山弧长量少于后袖窿弧长量，袖山以袖围中线为基线，袖围中线向前平移设置袖山上下缩袖点；设置缩袖点方式1适用于后袖山弧长量大于或小于后袖窿弧长量0.6cm以上的案例）。

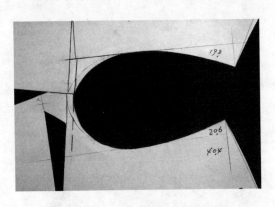

图5-2-4

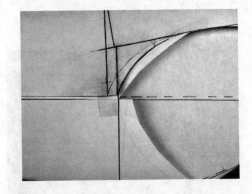

图5-2-5

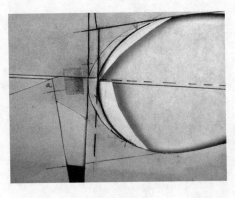

图5-2-6

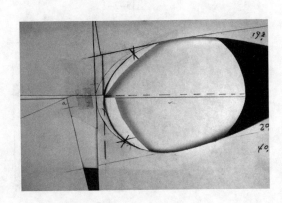

图5-2-7

④设置绱袖点方式2：

a：袖山以袖围中线为基点，沿后袖山深线向后0.2cm，设置袖窿底绱袖点（图5-2-8）。

b：将后袖窿深线与后袖山深线相重叠，后侧缝线对准袖山底绱袖点，前侧缝线对齐后侧缝线，袖山底弧线与袖窿底弧线相重叠，在前后袖山弧线与前后袖窿弧线的分叉处设置绱袖点（图5-2-8、图5-2-9）（提示：设置绱袖点方式2适用于后袖山弧长量大于或小于后袖窿弧长量0.6cm以下的案例）。

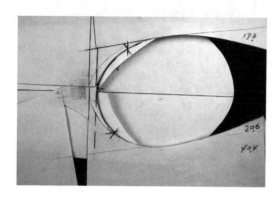 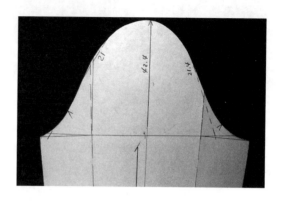

图5-2-8　　　　　　　　　　　　　　　　　　　图5-2-9

二、袖基本型的坯布缝制效果

袖基本型前面（图5-2-10），袖基本型侧面（图5-2-11），袖基本型后面（图5-2-12）。

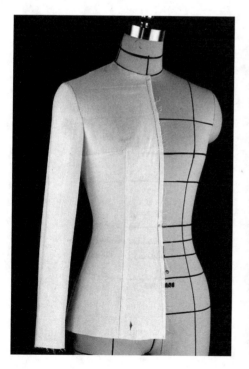 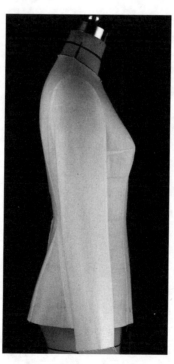 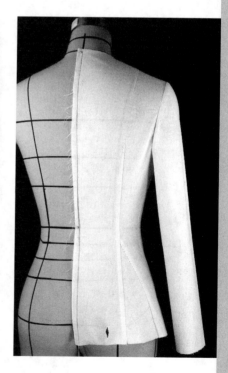

图5-2-10　前面　　　　　　　　图5-2-11　侧面　　　　　　　　图5-2-12　后面

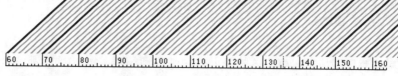

第六章　领基本型

　　领基本型是用板布包裹人体脖子形成的基本型，领基本板型是领基本型由立体展开成平面后，所形成的基本形状，承载着领基本板型形成的结构原理。领基本型分为三种：（1）开门领，即领口不可闭合的领型，由底领、翻领、驳头组成，适用于领口不可闭合领型的结构设计和板型的处理，如西服领、风衣两用领、青果领、戗驳头领、披肩领等领型；（2）关门领，即领口可闭合的领型，由底领、翻领组成，适用于领口可闭合领型的结构设计和板型的处理，如风衣两用领、衬衣领、立领等领型；（3）连身领，即领与衣身连着的领型，适用于各种连身领、领口可闭合或不闭合领型的结构设计和板型的处理。

　　本章采用立体裁剪的方式，重点描述三种领基本型形成的立裁步骤和结构原理。

第一节　"开门领"基本型形成的立裁方法和结构原理

一、颈部形状与领型变化的基本规律

　　人体颈部呈圆柱状，颈根围大于颈上围（图6-1-1）；以下三种立领是领子最基本的板型变化，体现领型变化的基本规律。

　　（1）用板布包裹颈部，剪裁成领下口大于领上口，板布与颈部充分吻合时（图6-1-2），展开成平面的板呈上翘扇形（图6-1-3）。

　　（2）用板布包裹颈部，领下口和领上口剪裁成上下围度量一致时（图6-1-4），展开成平面的板呈直条形状（图6-1-5）。

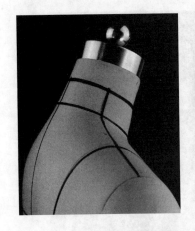

图6-1-1

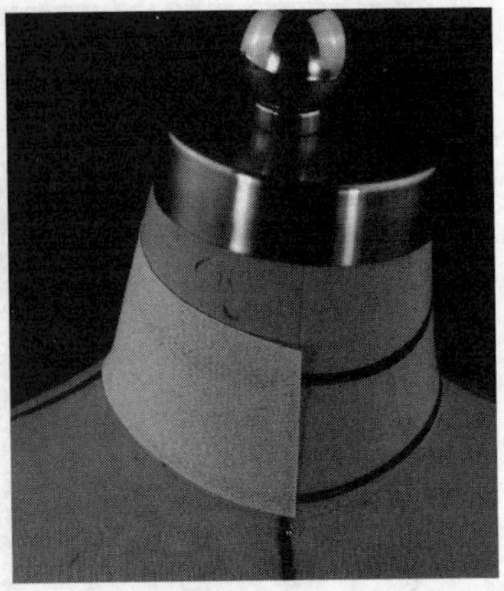

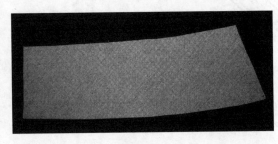

图6-1-2

图6-1-3

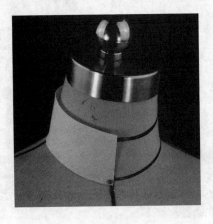

图6-1-4

图6-1-5

（3）用板布包裹颈部，剪裁成领上口大于领下口时（图6-1-6），展开成平面的板呈下翘扇形（图6-1-7）。

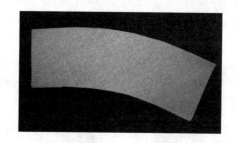

图6-1-6

图6-1-7

二、驳头形成的立裁方法和结构原理

1. **前片衣身成型的步骤** 取一块全棉坯布，熨烫平整，将板布放上人台，以人台前中心线为基点，留出足够的驳头量，前中胸省与腋下胸省转至胸部腰省中，板布与人台两胸点之间、胸部、肩部、前侧相贴合，用珠针固定，按人台肩缝标示线和臂膀与躯干相接处，剪去板布多余量，在板布上标明肩斜线和袖窿弧线（图6-1-8）。

2. **设置驳口线止口点** 按人台前中心标示线，在板布上标明搭门线和1.5cm止口线，在止口线上任意设置驳口线止口点，以止口线和驳口线止口点为基准，剪去驳口线止口点以下板布的多余量（图6-1-9）。

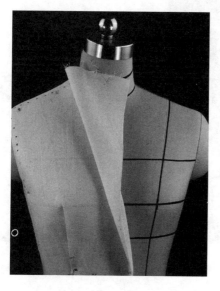

图6-1-8

图6-1-9

3. 驳头剪裁成型的步骤

①驳头下方以驳口线止口点为基点，驳头上方以颈根1.5cm的高度为基点，将板布翻折与胸部相贴合（图6-1-10）。

②在板布上任意绘制领深斜线和驳头止口弧线（图6-1-11），以前颈肩点为基点，在板布上绘制前领口深线（图6-1-12），修正领深斜线（图6-1-13），剪裁成型的驳头（图6-1-14）。

4. 驳头形成的基本要领

驳头由驳头止口弧线、领深斜线、领口深线、驳口线组成；驳头需要处理前中胸省量，才能与胸部相贴平服（图6-1-14）；板布搭门线立体状态下与人台前中心线相重叠，展开成平面后，搭门线上方以前中胸省为基点，经过前中胸省转移后向右偏移（图6-1-15）。

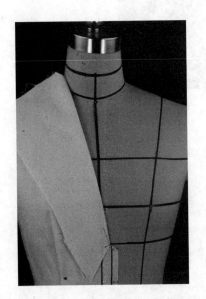

图6-1-10

图6-1-11

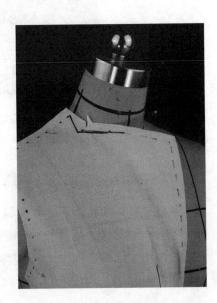

图6-1-12

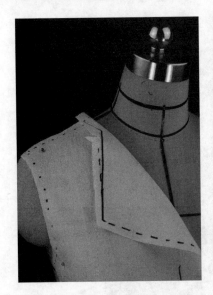

图6-1-13

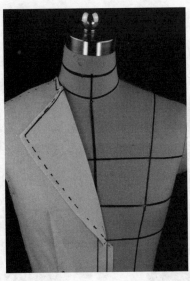

图6-1-14

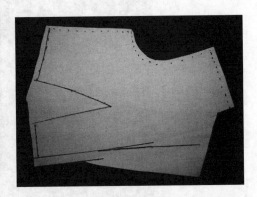

图6-1-15

三、翻领与底领形成的立裁方法和结构原理

1. **任意剪裁领形板布** 剪裁一块丝缕为正斜方向的下翘领形板布（图6-1-16），熨烫平整，将领形板布放上人台，领下口与衣身前领口深线、人台后颈根围标示线相吻合，用珠针固定（图6-1-17）。

2. **设置领外口围度量**

①翻折领形板布，领上口与驳头的驳口线对齐（图6-1-18），领上口后面因领外口围度量过小，不能与人台颈部后上围标示线平行（图6-1-19）。

②从人台颈部侧面转折处剪开领形板布至领上口（图6-1-20），将后领上口与人台颈部后上围标示线平行，用珠针固定（图6-1-21），领形板布领上口前面与驳头的驳口线对齐，用珠针固定（图6-1-22）。

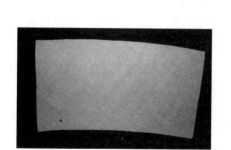

图6-1-16

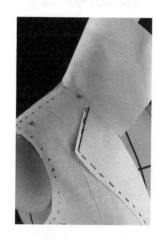

图6-1-17

图6-1-18

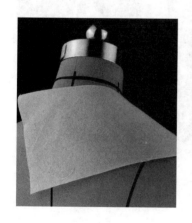

图6-1-19

图6-1-20

图6-1-21

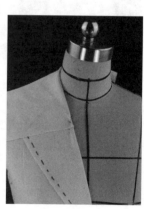

图6-1-22

③以驳头领深斜线为基点，在领形板布上绘制领串口线、领嘴线和领外口线（图6-1-23），并在领形板布上标明领上口线，以领外口线为基准，测量豁口缺损量（图6-1-24）。

④取下领形板布放在另一块板布上，剪开豁口，豁口一端以领上口线为基点对齐，豁口另一端按领外口测量缺损量展开，将下面一块板布按领形板布剪裁成新的领形板布（图6-1-25）。

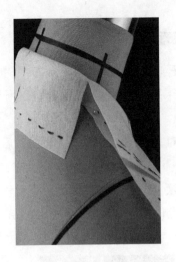

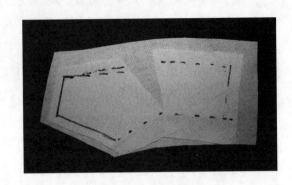

图6-1-23 　　　　　　　　　　图6-1-24 　　　　　　　　　　图6-1-25

3. 翻领成型的步骤

①将领形板布放上人台，领下口与衣身领口深线、人台后颈根围标示线相吻合，用珠针固定（图6-1-26）；翻折领形板布，领上口前面与驳头的驳口线对齐（图6-1-27），领上口后面与人台颈部后上围标示线平行，用珠针固定（图6-1-28）。

②以驳头领深斜线为基点，在领形板布上绘制领串口线、领嘴线和领外口线（图6-1-29）。

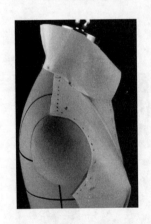

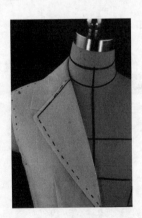

图6-1-26 　　　　　　图6-1-27 　　　　　　　　图6-1-28 　　　　　　　图6-1-29

4. 配置底领的结构原理

从立起的翻领上可以看到，翻领在颈部侧面的转折处，自领下口起始，形成一个由小到大的领省（图6-1-30），展开成平面的翻领呈下翘扇形（图6-1-31），由此可见：只有形成下翘扇形才能增加翻领外口的围度量，在增加翻领外口与肩部相贴合所需围度量的同时，领省也造成翻领在颈部侧面转折处的领上口不圆顺、不流畅，底领越宽时，领省量就会越大，造成翻领在颈部侧面转折处的领上口不圆顺、不流畅的视觉效果也会越明显，因此，采用配置底领的方式，在领子的上口处增加一条结构线转移领省，达到翻领在颈部侧面转折处领上口圆顺、流畅的效果。

5. 配置底领的步骤

①以领上口线为基点，领上口线向下、平行领上口线0.6~0.8cm剪开至领省处，形成底领，将领上口线以上的翻领与人台颈部后面相贴合，用珠针固定（图6-1-32）。

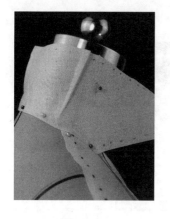

图6-1-30

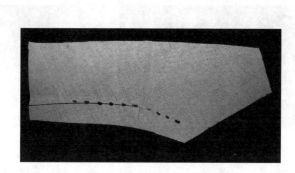

图6-1-31

图6-1-32

②将底领的领省剪开至省尖（图6-1-33）。

③合并领省，将底领上口线与翻领下口线相吻合，底领下口线与人台后颈根围标示线相吻合（图6-1-34）。底领经过领省合并，由下翘扇形变成直条形（图6-1-35、图6-1-36）；翻领仍然保持下翘扇形（图6-1-36）。

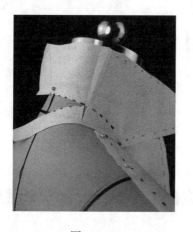

图6-1-33

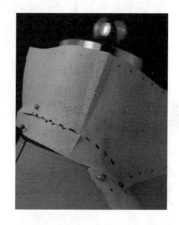

图6-1-34

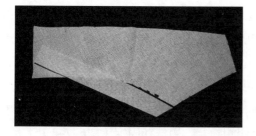

图6-1-35

图6-1-36

四、开门领基本型的坯布缝制效果

开门领基本型前面（图6-1-37），开门领基本型侧面（图6-1-38），开门领基本型后面（图6-1-39）。

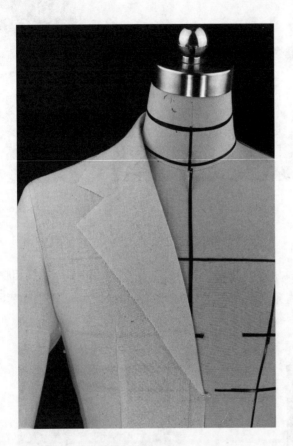

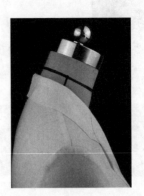

图6-1-38 侧面

图6-1-37 前面

图6-1-39 后面

第二节 "关门领"基本型形成的立裁方法和结构原理

一、翻领形成的立裁方法和结构原理

1. **前片衣身成型的步骤** 取一块全棉坯布，熨烫平整，将板布放上人台，以人台前中心线为基点，前中胸省与腋下胸省转至胸部腰省中，板布与人台两胸点之间、前胸、肩部、前侧相贴合，按人台前中心标示线、前颈根围标示线，在板布上标明搭门线和2cm止口线、前领窝线，用珠针固定；按人台肩缝标示线和臂膀与躯干相接处，剪去板布多余量，在板布上标明肩斜线和袖窿弧线（图6-2-1）。

2. **任意剪裁领形板布** 剪裁一块丝缕为正斜方向的下翘领形板布（图6-2-2），熨烫平整，将领形板布放上人台，领下口线与衣身前领窝、后颈根围标示线相吻合，用珠针固定（图6-2-3）。

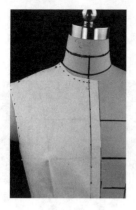

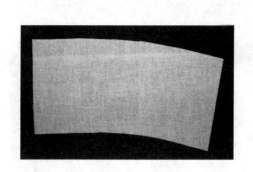

图6-2-1   图6-2-2   图6-2-3

3. 设置翻领外口围度量

①翻折领形板布后，领上口前后因翻领外口围度量过小，而不能任意调整底领的高低，领上口后面不能与人台颈部后上围标示线平行（图6-2-4）。

②从颈部前侧和后侧转折处剪开领形板布，任意调整底领的高低（图6-2-5），后领上口与颈部后上围标示线平行，用珠针固定（图6-2-6）。

③在领形板布上任意绘制翻领外口线，标明领上口线，以翻领外口线为基准，测量前后豁口的缺损量（图6-2-7、图6-2-8）。

④取下领形板布放在另一块板布上，分别剪开两个豁口，豁口一端以领上口线为基点对齐，豁口另一端按翻领外口线测量缺损量展开，将下面一块板布按领形板布剪裁成新的领形板布（图6-2-9）。

图6-2-4   图6-2-5   图6-2-6

图6-2-7   图6-2-8   图6-2-9

　　4. **翻领成型的步骤**　将领形板布放上人台，领下口线与前领窝、后颈根围标示线相吻合，用珠针固定（图6-1-10、图6-2-11）；翻折领形板布，在领形板布上任意设置翻领外口线（图6-1-12、图6-2-13）。

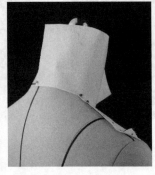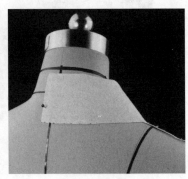

图6-2-10　　　　　　　　　图6-2-11　　　　　　　　　图6-2-12　　　　　　　　　图6-2-13

二、配置底领的立裁方法和结构原理

　　1. **配置底领的原理**　从立起的翻领上可以看到，翻领在颈部后侧转折处，自领下口起始，形成一个由小到大的领省（图6-2-14），同时领省也造成翻领在颈部后侧转折处的领上口不圆顺、不流畅（图6-2-15）；因此，以配置底领的方式，在领子的上口处增加一条结构线转移领省，达到翻领在侧面颈部转折处领上口圆顺、流畅的效果。

　　2. **配置底领的步骤**

　　①以领上口线为基点，领上口线下方，平行领上口线0.6~0.8cm剪开至领省处，形成底领，将领上口线以上的翻领与人台颈部后面相贴合，用珠针固定（图6-2-16）。

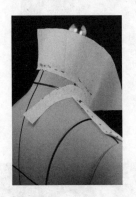

图6-2-14　　　　　　　　　图6-2-15　　　　　　　　　图6-2-16

　　②合并底领上的领省，底领上口线与翻领下口线相吻合，底领下口线与后颈根围标示线相吻合（图6-2-17）；底领经过领省合并，由下翘扇形变成直条形（图6-2-18）；翻领下口仍然保持下翘扇形（图6-2-19）。

图6-2-17

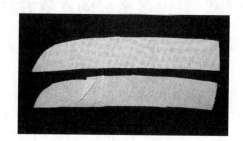

图6-2-18

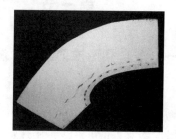

图6-2-19

三、关门领基本型的坯布缝制效果

关门领基本型前面（图6-2-20），关门领基本型侧面（图6-2-21），关门领基本型后面（图6-2-22）。

图6-2-20　前面

图6-2-21　侧面

图6-2-22　后面

第三节　"连身领"基本型形成的立裁方法和结构原理

一、连身领形成的立裁方法

1. *前片衣身成型的步骤*　取一块全棉坯布，熨烫平整，将板布放上人台，与人台两胸点之间、前胸、肩部、前侧相贴合，前中胸省与腋下胸省转至颈部前侧转折处，按人台前中心标示线，在板布上标明搭门线和2cm止口线，用珠针固定；按人台肩缝标示线和臂膀与躯干相接处，剪去板布多余量，在板布上标明肩缝线和袖窿弧线（图6-3-1）。

2. *前片连身领与前领省形成的步骤*

①将板布与人台前胸部、颈部前侧相贴合，用珠针固定，按人台前侧颈缝标示线，在板布上标明前侧立领线（图6-3-2）。

②以颈部前侧转折处为基点，剪开板布多余量，将板布与人台前胸、颈部前侧相贴合，用珠针固定，按人台颈部上围标示线，在板布上标明领上口线，自领上口线经前颈根围标示线至胸点，在板布上标明前领省线（图6-3-3）。

图6-3-1

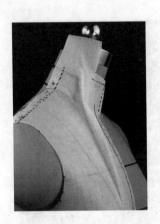
图6-3-2

图6-3-3

③将板布与人台颈部前面相贴合，用珠针固定，按人台前中心线、颈上围标示线，在板布上标明搭门线、领上口线（图6-3-4）；将板布与人台前胸、颈部前面相贴合，多余量以前领省线为基线，掐省用珠针固定，在板布上标明前领省线（图6-3-5）。

图6-3-4

图6-3-5

3. 后片连身领与后领省形成的步骤

①将板布后中心线与人台后中心标示线相重叠，板布与肩部相贴合，将肩部多余量赶至颈部后侧转折处（图6-3-6），以前肩斜线和前侧立领线为基线，在后片板布上标明后肩斜线和后侧立领线，用珠针固定（图6-3-7）。

②以颈部后侧转折处为基点，剪开板布多余量，将板布与人台后肩部、后侧颈部相贴合，用珠针固定，按人台后颈上围标示线，在板布上标明后领上口线；以颈部后侧转折处为基点，在板布上标明后领省线至后颈根围标示线（图6-3-8）。

③将板布与人台颈部后面相贴合，多余量以肩胛骨最高点为基点，自后领上口线经后颈根围标示线至肩胛骨最高处，掐省用珠针固定，在板布上标明后领上口线、后领省线（图6-3-9）。

图6-3-6

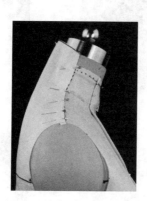

图6-3-7

图6-3-8

图6-3-9

二、连身领形成的结构原理

从平面的布板上可以看到：板布连着衣身为颈部塑型时，需要有足够的容量，只有将前中胸省和腋下胸省转移至前颈部形成前领省、后肩省转移至后颈部形成后领省后，才可以满足自前后颈根围至前后颈部板型因角度变化的所需量（图6-3-10、图6-3-11）。

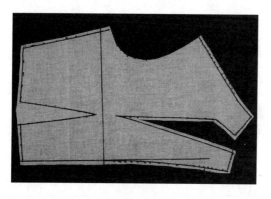

图6-3-10

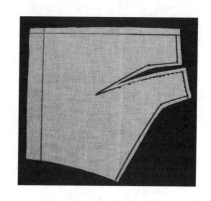

图6-3-11

三、连身领基本型的坯布缝制效果

连身领基本型前面（图6-3-12），连身领基本型侧面（图6-3-13），连身领基本型后面（图6-3-14）。

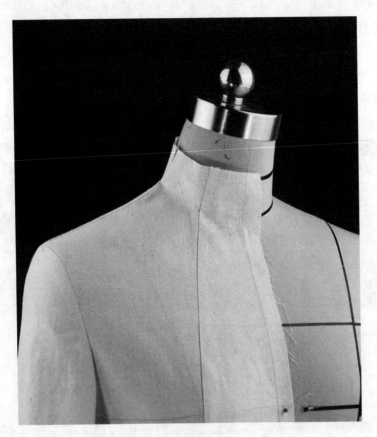

图6-3-12　前面

图6-3-13　侧面

图6-3-14　后面

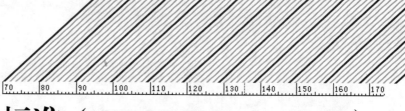

第七章 国家标准（GB/T 1335.2—2008）女子服装号型的应用

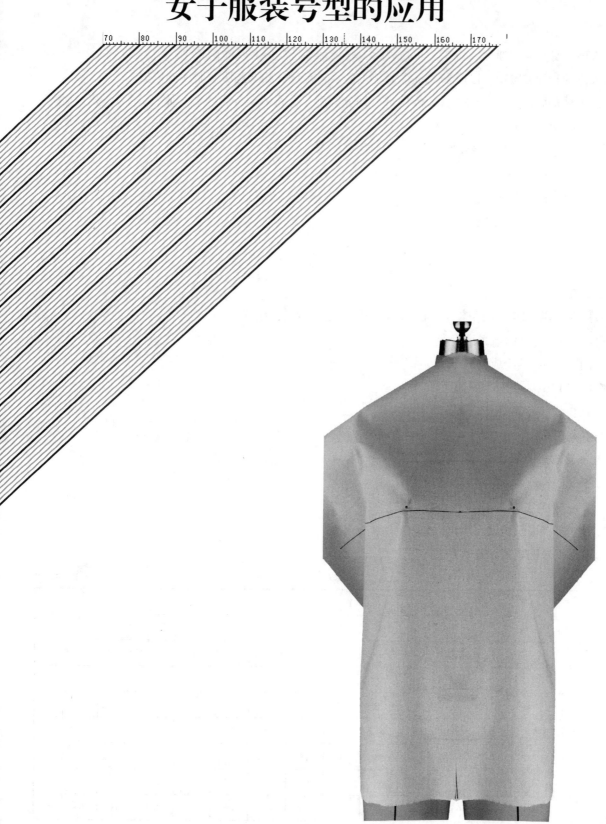

第一节　定义和要求

一、定义

号：指人体的身高，以厘米（cm）为单位表示，是设计和选购服装长短的依据。

型：指人体的胸围或腰围，以厘米（cm）为单位表示，是设计和选购服装肥瘦的依据。

体型：以人体的胸围与腰围的差数为依据进行划分体型，并将体型分为四类，体型分类代号分别用英文大写字母Y、A、B、C表示。

Y体型：表示胸围与腰围的差数为19~24cm。

A体型：表示胸围与腰围的差数为14~18cm。

B体型：表示胸围与腰围的差数为9~13cm。

C体型：表示胸围与腰围的差数为4~8cm。

二、要求

1. 号型系列

（1）号型系列以各体型中间体为基础，向两边依次递增或递减组成。

（2）身高以5cm分档组成系列。

（3）胸围以4cm分档组成系列。

（4）腰围以4cm、2cm分档组成系列。

（5）身高与胸围搭配组成5·4号型系列。

（6）身高与腰围搭配组成5·4、5·2号型系列。

2. 号型系列表

5·4Y、5·2Y号型系列见表7-1-1。

5·4A、5·2A号型系列见表7-1-2。

5·4B、5·2B号型系列见表7-1-3。

5·4C、5·2C号型系列见表7-1-4。

表7-1-1　　　　　　　　　　　　　　　　　　　　　　　　单位：cm

	Y															
	身　高															
胸围	145		150		155		160		165		170		175		180	
	腰　围															
72	50	52	50	52	50	52	50	52								
76	54	56	54	56	54	56	54	56	54	56						
80	58	60	58	60	58	60	58	60	58	60	58	60				
84	62	64	62	64	62	64	62	64	62	64	62	64	62	64		
88	66	68	66	68	66	68	66	68	66	68	66	68	66	68	66	68

续表

胸围	145		150		155		160		165		170		175		180	
	身高															
	腰围															
92			70	72	70	72	70	72	70	72	70	72	70	72	70	72
96			74	76	74	76	74	76	74	76	74	76	74	76	74	76
100							78	80	78	80	78	80	78	80	78	80

表7-1-2　　　　　　　　　　单位：cm

A

胸围	145			150			155			160			165			170			175			180		
	身高（腰围）																							
72				54	56	58	54	56	58	54	56	58												
76	58	60	62	58	60	62	58	60	62	58	60	62	58	60	62									
80	62	64	66	62	64	66	62	64	66	62	64	66	62	64	66	62	64	66						
84	66	68	70	66	68	70	66	68	70	66	68	70	66	68	70	66	68	70	66	68	70			
88	70	72	74	70	72	74	70	72	74	70	72	74	70	72	74	70	72	74	70	72	74	70	72	74
92				74	76	78	74	76	78	74	76	78	74	76	78	74	76	78	74	76	78	74	76	78
96							78	80	82	78	80	82	78	80	82	78	80	82	78	80	82	78	80	82
100										82	84	86	82	84	86	82	84	86	82	84	86	82	84	86

表7-1-3　　　　　　　　　　单位：cm

B

胸围	145		150		155		160		165		170		175		180	
	身高（腰围）															
68			56	58	56	58	56	58								
72	60	62	60	62	60	62	60	62	60	62						
76	64	66	64	66	64	66	64	66	64	66						
80	68	70	68	70	68	70	68	70	68	70	68	70				
84	72	74	72	74	72	74	72	74	72	74	72	74	72	74		
88	76	78	76	78	76	78	76	78	76	78	76	78	76	78	76	78
92	80	82	80	82	80	82	80	82	80	82	80	82	80	82	80	82
96			84	86	84	86	84	86	84	86	84	86	84	86	84	86
100					88	90	88	90	88	90	88	90	88	90	88	90
104							92	94	92	94	92	94	92	94	92	94
108							96	98	96	98	96	98	96	98	96	98

表7-1-4 单位：cm

胸围	145		150		155		160		165		170		175		180	
	腰围															
68	60	62	60	62	60	62										
72	64	66	64	66	64	66	64	66								
76	68	70	68	70	68	70	68	70								
80	72	74	72	74	72	74	72	74	72	74						
84	76	78	76	78	76	78	76	78	76	78	76	78				
88	80	82	80	82	80	82	80	82	80	82	80	82				
92	84	86	84	86	84	86	84	86	84	86	84	86	84	86		
96			88	90	88	90	88	90	88	90	88	90	88	90	88	90
100			92	94	92	94	92	94	92	94	92	94	92	94	92	94
104					96	98	96	98	96	98	96	98	96	98	96	98
108							100	102	100	102	100	102	100	102	100	102
112									104	106	104	106	104	106	104	106

注：表头为"C"，"身高"跨全部列，各身高（145、150、155、160、165、170、175、180）下分两列，"腰围"跨全部列。

3. 号型标志

（1）上、下装分别标明号型。

（2）号型表示方法：号与型之间用斜线分开，后接体型分类代号。例：上装160/84A，其中160代表号，84代表型，A代表体型分类；下装160/68A，其中160代表号，68代表型，A代表体型分类。

第二节 女子服装号型中间体各系列分档数值表

生产服装有两种方式：一种方式是针对个体单量单裁定制服装，这种生产方式无需按国家标准号型控制部位数值确定基本尺寸，只需准确测量人体，获取各部位精确尺寸，就能制作出合体的服装产品；另一种方式则是针对一个消费群体，设计制作服装进入市场销售，由顾客选择服装试穿合适购买，这种生产方式需要符合国家标准号型的要求，按规定的人体控制部位数值设置基本尺寸进行生产。在国家标准女子号型中，只规定人体具有共性的主要部位尺寸，没有规定不能形成共性的部位尺寸，因此，在开发服装设置定位体型（如A体型或B体型）中间体基本尺寸时，需要选择主要部位尺寸符合国家标准号型规定的人台和试衣模特（具有代表性的大众体型），准确测量试衣模特的体型，精确获取各部位的基本尺寸制板、生产，以保证服装进入市场销售时，不会因针对消费群体的顾客试穿不合体而滞销。

160/84/64Y体型人台各部位的测量方法和尺寸表、人体各部位测量示意图请参见第一章的第二节人体测量。

女子服装号型各系列Y体型分档数值见表7-2-1。

表7-2-1 单位：cm

体 型	Y							
	中间体		5·4系列		5·2系列		身高、胸围、腰围每增减1cm	
部 位	计算数	采用数	计算数	采用数	计算数	采用数	计算数	采用数
身 高	160	160	5	5	5	5	1	1
颈椎点高	136.2	136.0	4.46	4.00			0.89	0.80
坐姿颈椎点高	62.6	62.5	1.66	2.00			0.33	0.40
全臂长	50.4	50.5	1.66	1.50			0.33	0.30
腰围高	98.2	98.0	3.34	3.00	3.34	3.00	0.67	0.60
胸 围	84	84	4	4			1	1
颈 围	33.4	33.4	0.73	0.80			0.18	0.20
总肩宽	39.9	40.0	0.70	1.00			0.18	0.25
腰 围	63.6	64.0	4	4	2	2	1	1
臀 围	89.2	90.0	3.12	3.60	1.56	1.80	0.78	0.90

女子服装号型各系列A体型分档数值见表7-2-2。

表7-2-2 单位：cm

体 型	A							
	中间体		5·4系列		5·2系列		身高、胸围、腰围每增减1cm	
部 位	计算数	采用数	计算数	采用数	计算数	采用数	计算数	采用数
身 高	160	160	5	5	5	5	1	1
颈椎点高	136.0	136.0	4.53	4.00			0.91	0.80
坐姿颈椎点高	62.6	62.5	1.65	2.00			0.33	0.40
全臂长	50.4	50.5	1.70	1.50			0.34	0.30
腰围高	98.1	98.0	3.37	3.00	3.37	3.00	0.68	0.60
胸 围	84	84	4	4			1	1
颈 围	33.7	33.6	0.78	0.8			0.20	0.20
总肩宽	39.9	39.4	0.64	1.00			0.16	0.25
腰 围	68.2	68	4	4	2	2	1	1
臀 围	90.9	90.0	3.18	3.60	1.59	1.80	0.80	0.90

女子服装号型各系列B体型分档数值见表7-2-3。

表7-2-3　　　　　　　　　　　　　　　　　　　　　　　　　　　　单位：cm

体型	B							
部位	中间体		5·4系列		5·2系列		身高、胸围、腰围每增减1cm	
	计算数	采用数	计算数	采用数	计算数	采用数	计算数	采用数
身高	160	160	5	5	5	5	1	1
颈椎点高	136.3	136.5	4.57	4.00			0.92	0.80
坐姿颈椎点高	63.2	63.0	1.81	2.00			0.36	0.40
全臂长	50.5	50.5	1.68	1.50			0.34	0.30
腰围高	98.0	98.0	3.34	3.00	3.30	3.00	0.67	0.60
胸围	88	88	4	4			1	1
颈围	34.7	34.6	0.18	0.80			0.20	0.20
总肩宽	40.3	39.8	0.69	1.00			0.17	0.25
腰围	76.6	78.0	4	4	2	2	1	1
臀围	94.8	96.0	3.27	3.20	1.64	1.60	0.82	0.80

女子服装号型各系列C体型分档数值见表7-2-4。

表7-2-4　　　　　　　　　　　　　　　　　　　　　　　　　　　　单位：cm

体型	C							
部位	中间体		5·4系列		5·2系列		身高、胸围、腰围每增减1cm	
	计算数	采用数	计算数	采用数	计算数	采用数	计算数	采用数
身高	160	160	5	5	5	5	1	1
颈椎点高	136.5	136.5	4.48	4.00			0.90	0.80
坐姿颈椎点高	62.7	62.5	1.80	2.00			0.35	0.40
全臂长	50.5	50.5	1.60	1.50			0.32	0.30
腰围高	98.2	98.0	3.27	3.00	3.27	3.00	0.65	0.60
胸围	88	88	4	4			1	1
颈围	34.9	34.8	0.75	0.80			0.19	0.20
总肩宽	40.5	39.2	0.69	1.00			0.17	0.25
腰围	81.9	82	4	4	2	2	1	1
臀围	96.0	96.0	3.30	3.20	1.67	1.60	0.83	0.80

注　①身高所对应的高度部位是颈椎点高、坐姿颈椎点高、全臂长、腰围高。
　　②胸围所对应的围度部位是颈围、总肩宽。
　　③腰围所对应的围度部位是臀围。

第三节　服装号型各系列控制部位数值与实际运用

控制部位数值是指人体主要部位的数据（系净体数值），是设计服装的成品规格尺寸和号型系列的依据。

一、5·4Y、5·2Y号型系列控制部位数值与实际运用

5·4Y、5·2Y号型系列控制部位数值见表7-3-1。

表7-3-1　　　　　　　　　　　　　　　　单位：cm

体 型	Y															
部 位	数 值															
身高	145		150		155		160		165		170		175		180	
颈椎点高	124.0		128.0		132.0		136.0		140.0		144.0		148.0		152.0	
坐姿颈椎点高	56.5		58.5		60.5		62.5		64.5		66.5		68.5		70.5	
全臂长	46.0		47.5		49.0		50.5		52.0		53.5		55.0		56.5	
腰围高	89.0		92.0		95.0		98.0		101.0		104.0		107.0		110.0	
胸围	72		76		80		84		88		92		96		100	
颈围	31.0		31.8		32.6		33.4		34.2		35.0		35.8		36.6	
总肩宽	37.0		38.0		39.0		40.0		41.0		42.0		43.0		44.0	
腰围	50	52	54	56	58	60	62	64	66	68	70	72	74	76	78	80
臀围	77.4	79.2	81.0	82.8	84.6	86.4	88.2	90.0	91.8	93.6	95.4	97.2	99.0	100.8	102.6	104.4

从表7-3-1中查看Y体型的号型系列控制部位数值，同样身高，除腰围和臀围有两组数值外，其他部位的数值均没有变化。在Y体型的女性群体中，出现较大差异的部位在腰部和臀部，同样身高和同样胸围时，有两种不同的腰围和臀围尺寸。因此，设置下装号型系列时，同样身高需要设置两组不同腰围、臀围尺寸与上装配套，以减少服装进入市场销售时，因配套不合理而拆单销售。

依据服装号型系列控制部位数值，设置Y体型服装号型系列和生产配比时，应综合考虑Y体型在服装销售区域人群总量中所占比例，以及高矮与胖瘦的比例制定号型系列。

（1）在我国的南部和西部（福建、广东、广西、云南、四川、贵州）地区的人群中，身高155～160cm、胸围80～84cm的女性相对占主导地位；身高170cm的女性在人群中所占比例相对较少，胸围92cm的女性在人群中所占比例相对较多。因此，身高可以不跳档，胸围继续跳档；身高145cm/胸围72cm和身高175cm/胸围96cm的女性在人群中所占比例相对较少，因此，这两组号型可以不选用。

我国的南部和西部地区Y体型服装号型系列见表7-3-2。

表7-3-2

上装号型系列				
150/76Y	155/80Y	160/84Y	165/88Y	165/92Y
下装号型系列				
150/54Y	155/58Y	160/62Y	165/66Y	165/70Y
150/56Y	155/60Y	160/64Y	165/68Y	165/72Y

Y体型各号型在人群中所占比例的多少进行服装生产配比见表7-3-3。

表7-3-3

上装配比				
10%	30%	30%	20%	10%
下装配比				
5%/5%	15%/15%	5%/15%	10%/10%	5%/5%

例如：以生产300套服装为例，上装和下装各号型分别生产件数见表7-3-4。

表7-3-4

上 装				
150/76Y/30件	155/80Y/90件	160/84Y/90件	165/88Y/60件	165/92Y/30件
下 装				
150/54Y/15条	155/58Y/45条	160/62Y/45条	165/66Y/30条	165/70Y/15条
150/56Y/15条	155/60Y/45条	160/64Y/45条	165/68Y/30条	165/72Y/15条

（2）在我国的长江中、下游（湖北、湖南、安徽、江西、江苏、浙江、上海）地区的人群中，身高160～165cm和胸围84～88cm的女性相对占主导地位；身高175cm的女性在人群中所占比例相对较少，胸围86cm的女性在人群中所占比例相对较多，身高可以不跳档，胸围继续跳档。

我国的长江中、下游地区Y体型服装号型系列见表7-3-5。

表7-3-5

上装号型系列				
155/80Y	160/84Y	165/88Y	170/92Y	170/96Y
下装号型系列				
155/58Y	160/62Y	165/66Y	170/70Y	170/74Y
155/60Y	160/64Y	165/68Y	170/72Y	170/76Y

（3）在我国的长江以北（河南、河北、山东、山西、陕西、甘肃、北京、天津、内蒙古、辽宁、吉林、黑龙江）等地区的人群中，身高165～170cm、胸围88～92cm的女性相对占人群的主导地位；身高155/胸围80cm的女性在人群中所占比例相对较少，因此这个号型可以不选用；身高155cm的女性在人群中所占比例相对较少，而胸围80cm的女性在人群中所占比例相对较多，因此，型不变，号提高一档至160cm。

我国的长江以北地区Y体型服装号型系列见表7-3-6。

表7-3-6

上装号型系列				
160/80Y	165/84Y	170/88Y	175/92Y	175/96Y
下装号型系列				
160/58Y	165/62Y	170/66Y	175/70Y	175/74Y
160/60Y	165/64Y	170/68Y	175/72Y	175/76Y

二、5·4A、5·2A号型系列控制部位数值及实际运用

5·4A、5·2A号型系列控制部位数值见表7-3-7。

表7-3-7　　　　　　　　　　　　　　　　　　　　单位：cm

体 型	A																					
部 位	数 值																					
身高	145			150			155			160			165			170			175			180
颈椎点高	124.0			128.0			132.0			136.0			140.0			144.0			148.0			152.0
坐姿颈椎点高	56.5			58.5			60.5			62.5			64.5			66.5			68.5			70.5
全臂长	46.0			47.5			49.0			50.5			52.0			53.5			55.0			56.5
腰围高	89.0			92.0			95.0			98.0			101.0			104.0			107.0			110.0
胸围	72			76			80			84			88			92			96			100
颈围	31.2			32.0			32.8			33.6			34.4			35.2			36.0			36.8
总肩宽	36.4			37.4			38.4			39.4			40.4			41.4			42.4			43.4
腰围	54	56	58	58	60	62	62	64	66	66	68	70	70	72	74	74	76	78	78	80	82	82	84	86
臀围	77.4	79.2	81.0	81.0	82.8	84.6	84.6	86.4	88.2	88.2	90.0	91.8	91.8	93.6	95.4	95.4	97.2	99.0	99.0	100.8	102.6	102.6	104.4	106.2

从表7-3-7中查看A体型的号型系列控制部位数值，同样身高，除腰围和臀围有三组数值外，其他部位的数据均没有变化。在A体型的女性群体中，出现较大差异的部位在腰部和臀部，同样身高和同样胸围时，有三种不同的腰围和臀围尺寸，因此，设置下装号型系列，同样身高需要设置三组不同腰围、臀围尺寸与上装配套。

依据服装号型系列控制部位数值，设置A体型服装号型系列和生产配比时，应综合考虑A体型在服装销售区域人群总量中所占比例，以及高矮与胖瘦的比例制定号型系列。

（1）在我国的南部和西部（福建、广东、广西、云南、四川、贵州）地区的人群中，身高155～160cm、胸围80～84cm的女性相对占主导地位；身高170cm的女性在人群中所占比例相对较少，92cm胸围

的女性在人群中所占比例相对较多，因此身高可以不跳档，胸围继续跳档。

我国的南部和西部地区A体型服装号型系列见表7-3-8。

表7-3-8

上装号型系列				
150/76A	155/80A	160/84A	165/88A	165/92A
下装号型系列				
150/58A	155/62A	160/66A	165/70A	165/74A
150/60A	155/64A	160/68A	165/72A	165/76A
150/62A	155/66A	160/70A	165/74A	165/78A

A体型各号型在人群中所占比例数值的多少进行服装生产配比见表7-3-9。

表7-3-9

上装配比				
10%	30%	30%	20%	10%
下装配比				
3.3%/3.3%/33%	10%/10%/10%	10%/10%/10%	6.3%/6.3%/6.3%	3.3%/3.3%/3.3%

例：以生产300套服装为例，上装和下装各号型分别生产件数见表7-3-10。

表7-3-10

上 装				
150/76A/30件	155/80A/90件	160/84A/90件	165/88A/60件	165/92A/30件
下 装				
150/58A/10条	155/62A/30条	160/66A/30条	165/70A /20条	165/74A /10条
150/60A/10条	155/64A/30条	160/68A/30条	165/72A /20条	165/76A /10条
150/62A/10条	155/66A/30条	160/70A/30条	165/74A /20条	165/78A /10条

（2）在我国的长江中、下游（湖北、湖南、安徽、江西、江苏、浙江、上海）地区的人群中，身高160～165cm、胸围84～88cm的女性相对占主导地位；身高175cm的女性在人群中所占比例相对较少，胸围96cm的女性占人群的比例相对较多，身高可以不跳档，胸围继续跳档。

我国的长江中、下游地区A体型服装号型系列见表7-3-11。

表7-3-11

上装号型系列				
155/80A	160/84A	165/88A	170/92A	170/96A
下装号型系列				
155/62A	160/66A	165/70A	170/74A	170/78A
155/64A	160/68A	165/72A	170/76A	170/80A
155/66A	160/70A	165/74A	170/78A	170/82A

（3）在我国的长江以北（河南、河北、山东、山西、陕西、甘肃、北京、天津、内蒙古、辽宁、吉林、黑龙江）地区的人群中，身高165～170cm、胸围88～92cm的女性相对占人群的主导地位；身高155/胸围80cm的女性在人群中所占比例相对较少，因此这个号型可以不选用；身高155cm的女性在人群中所占比例相对较少，而胸围80cm的女性在人群中所占比例相对较多，因此，型不变，号提高一档至160cm。

我国的长江以北地区A体型服装号型系列见表1-3-12。

表7-3-12

上装号型系列				
160/80A	165/84A	170/88A	175/92A	175/96A
下装号型系列				
160/62A	165/66A	170/70A	170/74A	175/78A
160/64A	165/68A	170/72A	170/76A	175/80A
160/66A	165/70A	170/74A	170/78A	175/82A

三、5·4B、5·2B号型系列控制部位数值及实际运用

5·4B、5·2B号型系列控制部位数值见表7-3-13。

表7-3-13　　　　　　　　　　　　　　　　　　　　　　单位：cm

体型	B																					
部位	数值																					
身高	145		150		155		160		165		170		175		180							
颈椎点高	124.5		128.5		132.5		136.5		140.5		144.5		148.5		152.5							
坐姿颈椎点高	57.0		59.0		61.0		63.0		65.0		67.0		69.0		71							
全臂长	46.0		47.5		49.0		50.5		52.0		53.5		55.0		56.5							
腰围高	89.0		92.0		95.0		98.0		101.0		104.0		107.0		110.0							
胸围	68		72		76		80		84		68	92		96		100		104		108			
颈围	30.6		31.4		32.2		33.0		33.8		34.6	35.4		36.2		37.0		37.8		38.6			
总肩宽	34.8		35.8		36.8		37.8		38.8		39.8	40.8		41.8		42.8		43.8		44.8			
腰围	56	58	60	62	64	66	68	70	72	74	76	78	80	82	84	86	88	90	92	94	96	98
臀围	78.4	80.0	81.6	83.2	84.8	86.4	88.0	89.6	91.2	92.8	94.4	96.0	97.6	99.2	100.8	102.4	104.0	105.6	107.2	108.8	110.4	112.0

从表7-3-13中查看B体型的号型系列控制部位数值，同样的身高，却有两组或三组不等比例的胸围数值，同样的胸围有两组腰围和臀围数值，而且身高与胸围也产生变化，可以看到B体型女性随着年龄的增长，脂肪的累积使体型发生较大的变化。在表7-3-13中，根据胸围格占身高格的多少，可以视为胸围在身高人群中所占比例的大小，比例大的可选用，比例小的可以不选用。

依据服装号型系列控制部位数值，设置B体型服装产品号型系列和生产配比时，应综合考虑B体型在服装销售区域人群总量中所占比例，以及高矮与胖瘦的比例制定号型系列。

我国B体型服装号型系列见表7-3-14。

表7-3-14

上装号型系列							
150/76B	155/80B	160/84B	160/88B	165/92B	170/96B	170/100B	175/104B
下装号型系列							
150/64B	155/68B	160/72B	160/76B	165/80B	170/84B	170/88B	175/92B
150/66B	155/70B	160/74B	160/78B	165/82B	170/86B	170/90B	175/94B

（1）在我国的南部和西部（福建、广东、广西、云南、四川、贵州）地区B体型服装号型系列的设置，可参考A体型在西南地区中所占比例综合考虑进行设置。

我国的南部和西部地区B体型服装号型系列见表7-3-15。

表7-3-15

上装号型系列				
150/76B	155/80B	160/84B	160/88B	165/92B
下装号型系列				
150/64B	155/68B	160/72B	165/76B	165/80B
150/66B	155/70B	160/74B	165/78B	165/82B

（2）在我国的长江中、下游（湖北、湖南、安徽、江西、江苏、浙江、上海）地区 B体型服装号型系列的设置，可参考A体型在长江中、下游等地区中所占比例综合考虑进行设置。

我国的长江中、下游地区B体型服装号型系列见表7-3-16。

表7-3-16

上装号型系列				
155/80B	160/84B	160/88B	65/92B	170/96B
下装号型系列				
155/68B	160/72B	165/76B	165/80B	170/84B
155/70B	160/74B	165/78B	165/82B	170/86B

（3）在我国的长江以北（河南、河北、山东、山西、陕西、甘肃、北京、天津、内蒙古、辽宁、吉林、黑龙江）地区B体型服装号型系列的设置，可参考A体型长江以北等地区等不同区域中所占比例综合考虑进行设置。

我国的长江以北地区B体型服装号型系列见表7-3-17。

表7-3-17

上装号型系列					
160/84B	160/88B	165/92B	170/96B	170/100B	175/104B
下装号型系列					
160/72B	160/76B	165/80B	170/84B	170/88B	175/92B
160/74B	160/78B	165/82B	170/86B	170/90B	175/94B

四、5·4C、5·2C号型系列控制部位数值及实际运用

5·4C、5·2C号型系列控制部位数值见表7-3-18。

表7-3-18 　　　　　　　　　　　　　　　　　　　　　　　　　　　单位：cm

体型	C																						
部位	数值																						
身高	145		150		155		160		165		170		175		180								
颈椎点高	124.5		128.5		132.5		136.5		140.5		144.5		148.5		152.5								
坐姿颈椎点高	56.5		58.5		60.5		62.5		64.5		66.5		68.5		70.5								
全臂长	46.0		47.5		49.0		50.5		52.0		53.5		55.0		56.5								
腰围高	89.0		92.0		95.0		98.0		101.0		104.0		107.0		110.0								
胸围	68		72		76		80		84		68		92		96		100		104		108		112
颈围	30.8		31.6		32.4		33.2		34.8		34.8		35.6		36.4		37.2		38.0		38.8		39.6
总肩宽	34.2		35.2		36.2		37.2		38.2		39.2		40.2		41.2		42.2		43.2		44.2		45.2
腰围	60	62	64	66	68	70	72	74	76	78	80	82	84	86	88	90	92	94	96	98	100	102	104	106
臀围	78.4	80.0	81.6	83.2	84.8	86.4	88.0	89.6	91.2	92.8	94.4	96.0	97.6	99.2	100.8	102.4	104.0	105.6	107.2	108.8	110.4	112.0	113.6	115.2

　　从表7-3-18中查看C体型的号型系列控制部位数值，C体型的女性随着年龄的增长，脂肪的累积使体型发展到几乎没有规律可言，按服装开发的方式，开发C体型的服装进入市场销售，存在很大的难度和风险，因此在服装市场上，很难找到适合中、老年合体的服装销售，C体型比较适合针对个体单量单裁的方式定制服装。

　　总而言之，为服装设置号型系列时，应根据各号型分别在人群中所占的比例，以及身高与胸围的比例，合理地进行设置，是促使服装产品好销的重要因素之一。

第四节 各体型的比例和服装号型覆盖率与实际运用

服装产品开发首先需要根据年龄段定位消费群体，再依据消费群中的年龄段在人群中所占比例最大值确定体型，再依据身高与胸围、身高与腰围在人群中覆盖率最大值确定中间体号型。

例：服装产品定位消费群中的年龄段在25~35岁之间，这个年龄段的A体型和B体型居多，查表7-4-1得知：A体型在全国人群中所占比例数是44.13%，B体型在全国人群中所占比例数是33.72%，因此，可以选择A体型和B体型为开发服装产品的定位体型。

从表7-4-4中查A体型身高与胸围覆盖率：身高160cm、胸围84cm的女性对应覆盖率最大值是7.71%，因此，选择160/84为A体型上装中间体号型。从表7-4-5中查A体型身高与腰围覆盖率：身高160cm、腰围66cm的女性对应覆盖率最大值是3.94%。因此，选择160/66为A体型下装中间体号型。

从表7-4-6中查B体型身高与胸围覆盖率：身高160cm、胸围84cm的女性对应覆盖率最大值是5.36%，因此，选择160/84为B体型上装中间体号型。从表7-4-7中查B体型身高与腰围覆盖率：身高160cm、腰围72的女性对应覆盖率最大值是2.60%。因此，选择160/72为B体型下装中间体号型。

以下表为服装产品提供各体型人体在全国不同地区人群总量中的比例，以及根据各体型身高与胸围覆盖率、身高与腰围覆盖率为设置中间体号型的参考依据。

一、全国各体型的比例和服装号型覆盖率

各体型人体在全国总量中的比例见表7-4-1。

表7-4-1

体 型	Y	A	B	C
比 例	14.82	44.13	33.72	6.45

Y体型身高与胸围覆盖率见表7-4-2。

表7-4-2

胸围/cm	身高 / cm					
	145	150	155	160	165	170
	比例 / %					
72		0.75	1.04	0.86		
76	0.70	2.49	4.00	2.90	0.95	
80	1.11	4.57	8.45	7.05	2.66	0.45
84	0.97	4.61	9.83	9.46	4.11	0.80
88	0.47	2.57	6.31	7.00	3.50	0.79
92		0.79	2.23	2.85	1.64	0.43
96			0.43	0.64	0.43	

Y体型身高与腰围覆盖率见表7-4-3。

表7-4-3

腰围/cm	身高 / cm					
	145	150	155	160	165	170
	比例 / %					
50		0.16	0.21			
52		0.38	0.53	0.34		
54	0.23	0.76	1.15	0.78	0.24	
56	0.36	1.31	2.12	1.55	0.51	
58	0.50	1.92	3.33	2.62	0.93	
60	0.58	2.39	4.47	3.77	1.44	0.25
62	0.57	2.55	5.11	4.64	1.90	0.35
64	0.48	2.32	4.99	4.87	2.14	0.42
66	0.35	1.80	4.16	4.36	2.06	0.44
68	0.22	1.19	2.96	3.33	1.69	0.39
70		0.67	1.80	2.17	1.18	0.29
72		0.32	0.93	1.21	0.71	0.19
74			0.41	0.57	0.63	
76			0.16	0.23	0.16	

A体型身高与胸围覆盖率见表7-4-4。

表7-4-4

胸围/cm	身高 / cm					
	145	150	155	160	165	170
	比例 / %					
68		0.43	0.64	0.46		
72	0.39	1.39	2.27	1.74	0.62	
76	0.78	2.95	5.25	4.36	1.70	
80	1.00	4.13	7.95	7.16	3.02	0.59
84	0.85	3.78	7.89	7.71	3.52	0.75
88	0.47	2.27	5.14	5.44	2.69	0.62
92		0.89	2.19	2.52	1.35	0.34
96			0.61	0.76	0.44	

A体型身高与腰围覆盖率见表7-4-5。

表7-4-5

腰围/cm	身高 / cm					
	145	150	155	160	165	170
	比例 / %					
52		0.18	0.28	0.20		
54		0.36	0.57	0.43		
56	0.18	0.64	1.05	0.81	0.29	
58	0.27	1.00	1.71	1.37	0.52	
60	0.37	1.42	2.52	2.10	0.82	
62	0.46	1.81	3.33	2.88	1.17	0.22
64	0.50	2.06	3.96	3.56	1.50	0.29
66	0.50	2.11	4.21	3.94	1.72	0.35
68	0.44	1.95	4.03	3.92	1.78	0.38
70	0.35	1.61	3.46	3.49	1.65	0.37
72	0.25	1.19	2.67	2.80	1.38	0.32
74	0.16	0.80	1.85	2.02	1.03	0.25
76		0.48	1.15	1.30	0.69	0.17
78		0.62	0.64	0.76	0.42	
80			0.32	0.39	0.23	
82				0.18		

B体型身高与胸围覆盖率见表7-4-6。

表7-4-6

胸围/cm	身高 / cm					
	145	150	155	160	165	170
	比例 / %					
64		0.45	0.50			
68	0.40	1.09	1.34	0.75		
72	0.70	2.09	2.83	1.75	0.49	
76	0.97	3.16	4.72	3.22	1.01	
80	1.05	3.77	6.21	4.68	1.61	
84	0.89	3.56	6.46	5.36	2.03	0.35
88	0.60	2.65	5.29	4.85	2.03	0.39
92	0.32	1.55	4.34	3.46	1.59	0.34
96		0.72	1.75	1.95	0.99	
100			0.71	0.86	0.49	

B体型身高与腰围覆盖率见表7-4-7。

表7-4-7

腰围/cm	身高 / cm					
	145	150	155	160	165	170
	比例 / %					
52		0.20	0.23			
54		0.33	0.39	0.22		
56	0.18	0.50	0.62	0.36		
58	0.25	0.71	0.93	0.56		
60	0.32	0.96	1.31	0.82	0.24	
62	0.39	1.22	1.75	1.15	0.35	
64	0.45	1.48	2.20	1.51	0.48	
66	0.50	1.68	2.63	1.89	0.62	
68	0.51	1.82	2.96	2.22	0.77	
70	0.50	1.85	3.15	2.47	0.89	
72	0.46	1.79	3.18	2.60	0.98	0.17
74	0.40	1.63	3.03	2.59	1.02	0.18
76	0.33	1.40	2.72	2.43	1.00	0.19
78	0.26	1.14	2.32	2.16	0.93	0.18
80	0.19	0.88	1.86	1.82	0.82	0.17
82		0.64	1.42	1.44	0.68	
84		0.44	1.02	1.08	0.53	
86		0.28	0.6	0.77	0.39	
88		0.18	0.44	0.52	0.28	
90			0.27	0.32	0.18	
92				0.20		

C体型身高与胸围覆盖率见表7-4-8。

表7-4-8

胸围/cm	身高 / cm						
	140	145	150	155	160	165	170
	比例 / %						
64		0.41	0.25	0.33			
68		0.77	1.13	0.83			
72	0.35	1.20	2.04	1.73	0.72		
76	0.39	1.55	3.06	2.99	1.45	0.35	
80	0.36	1.67	3.80	4.30	2.42	0.67	
84		1.49	3.92	5.14	3.35	1.08	

续表

胸围/cm	身高 / cm						
	140	145	150	155	160	165	170
	比例 / %						
88		1.10	3.37	5.10	3.84	1.44	
92		0.68	2.40	4.21	3.67	1.59	
96		0.35	1.42	2.88	2.91	1.46	
100			0.70	1.64	1.91	1.11	
104				0.77	1.05	0.70	
108					0.48	0.37	

C体型身高与腰围覆盖率见表7-4-9。

表7-4-9

腰围/cm	身高 / cm						
	140	145	150	155	160	165	170
	比例 / %						
56				0.20			
58		0.22	0.30	0.21			
60		0.30	0.44	0.32			
62		0.38	0.60	0.48	0.19		
64		0.48	0.80	0.67	0.29		
66	0.16	0.57	1.02	0.92	0.42		
68	0.18	0.66	1.25	1.19	0.58		
70	0.18	0.73	1.47	1.49	0.77	0.20	
72	0.18	0.77	1.65	1.79	0.98	0.27	
74	0.17	0.78	1.79	2.06	1.20	0.36	
76	0.16	0.77	1.86	2.28	1.42	0.45	
78		0.72	1.85	2.42	1.60	0.54	
80		0.64	1.77	2.46	1.74	0.62	
82		0.56	1.63	2.41	1.81	0.69	
84		0.46	1.43	2.26	1.81	0.73	
86		0.37	1.21	2.04	1.73	0.75	0.16
88		0.28	0.98	1.76	1.59	0.73	0.17
90		0.20	0.77	1.46	1.41	0.69	0.17
92			0.57	1.16	1.19	0.62	0.16
94			0.41	0.89	0.97	0.54	
96			0.28	0.65	0.76	0.45	
98			0.19	0.46	0.57	0.36	
100				0.31	0.41	0.27	
102				0.20	0.28	0.20	
104					0.19		

二、东北、华北地区各体型的比例和服装号型覆盖率

各体型人体在东北、华北地区总量中的比例见表7-4-10。

表7-4-10

体 型	Y	A	B	C
比 例/%	15.15	47.61	32.22	4.47

例：服装产品定位25～35岁之间年龄段，查表7-4-10得知：A体型的女性在东北、华北地区人群中所占的比例数是47.61%，B体型的女性在该地区人群中所占的比例数是32.22%，因此，可以选择A体型和B体型为服装产品的定位体型。

从表7-4-13中查A体型身高与胸围覆盖率：身高160cm、胸围84cm的女性对应覆盖率最大值是8.34%，因此，选择160/84为A体型上装中间体号型。从表7-4-14中查A体型身高与腰围覆盖率：身高160cm、腰围68的女性对应覆盖率最大值分别是4.17%。因此，选择160/68为A体型下装中间体号型。

B体型的应用方法同A体型的应用方法。

Y体型身高与胸围覆盖率见表7-4-11。

表7-4-11

胸围/cm	身高 / cm					
	145	150	155	160	165	170
	比例 / %					
72		0.43	0.95	0.86	0.32	
76		1.35	3.26	3.24	1.33	
80	0.39	2.54	6.72	7.36	3.33	0.62
84	0.41	2.88	8.40	10.10	5.03	1.03
88		1.98	6.34	8.39	4.59	1.03
92		0.82	2.90	4.22	2.54	0.63
96			0.80	1.28	0.85	

Y体型身高与腰围覆盖率见表7-4-12。

表7-4-12

腰围/cm	身高 / cm					
	145	150	155	160	165	170
	比例 / %					
50			0.19	0.18		
52		0.20	0.45	0.43	0.17	
54		0.39	0.92	0.92	0.38	

腰围/cm	身高 / cm					
	145	150	155	160	165	170
	比例 / %					
56		0.66	1.65	1.70	0.73	
58	0.16	0.99	2.57	2.76	1.24	0.23
60	0.20	1.30	3.50	3.92	1.82	0.35
62	0.22	1.49	4.17	4.85	2.35	0.47
64	0.21	1.49	4.34	5.25	2.65	0.55
66	0.18	1.30	3.95	4.97	2.60	0.57
68		0.99	3.14	4.11	2.24	0.51
70		0.66	2.18	2.97	1.68	0.40
72		0.39	1.32	1.87	1.10	0.27
74		0.20	0.70	1.03	0.63	0.16
76			0.32	0.50	0.32	
78				0.21		

A体型身高与胸围覆盖率见表7-4-13。

表7-4-13

胸围/cm	身高 / cm					
	145	150	155	160	165	170
	比例 / %					
68		0.40	0.81	0.69		
72		1.06	2.36	2.21	0.87	
76	0.33	1.96	4.79	4.93	2.12	0.38
80	0.39	2.53	6.80	7.66	3.63	0.72
84	0.32	2.29	6.75	8.34	4.33	0.94
88		1.45	4.68	6.34	3.61	0.86
92		0.64	2.27	3.37	2.11	0.55
96			0.77	1.25	0.86	
100				0.33		

A体型身高与腰围覆盖率见表7-4-14。

表7-4-14

腰围/cm	身高 / cm					
	145	150	155	160	165	170
	比例 / %					
50			0.19	0.16		
52		0.19	0.38	0.33		
54		0.32	0.68	0.36	0.24	
56		0.50	1.12	1.06	0.42	
58		0.72	1.69	1.66	0.69	
60	0.16	0.95	2.32	2.39	1.03	0.19
62	0.19	1.14	2.91	3.14	1.42	0.27
64	0.20	1.25	3.35	3.77	1.78	0.35
66	0.19	1.26	3.53	4.15	2.05	0.42
68	0.17	1.16	3.40	4.17	2.16	0.47
70		0.98	2.99	3.84	2.07	0.47
72		0.76	2.41	3.24	1.82	0.43
74		0.53	1.78	2.49	1.47	0.36
76		0.34	1.20	1.76	1.08	0.28
78		0.20	0.74	1.13	0.73	0.20
80			0.42	0.67	0.45	
82			0.22	0.36	0.25	
84				0.18		

B体型身高与胸围覆盖率见表7-4-15。

表7-4-15

胸围/cm	身高 / cm					
	145	150	155	160	165	170
	比例 / %					
64		0.46	0.64	0.38		
68		0.95	1.49	0.99		
72	0.39	1.62	2.84	2.10	0.65	
76	0.48	2.24	4.40	3.63	1.26	
80	0.48	2.53	5.55	5.12	1.99	0.32
84	0.40	2.32	5.70	5.89	2.56	0.47
88		1.74	4.77	5.52	2.68	0.55

续表

胸围/cm	身高 / cm					
	145	150	155	160	165	170
	比例 / %					
92		1.06	3.26	4.21	2.29	0.52
96		0.53	1.81	2.62	1.59	0.41
100			0.82	1.32	0.90	
104			0.30	0.55	0.42	

B体型身高与腰围覆盖率见表7-4-16。

表7-4-16

腰围/cm	身高 / cm					
	145	150	155	160	165	170
	比例 / %					
50			0.20			
52		0.22	0.32	0.19		
54		0.32	0.49	0.31		
56		0.45	0.72	0.49		
58		0.60	1.00	0.72	0.22	
60	0.18	0.76	1.34	1.01	0.32	
62	0.21	0.92	1.70	1.35	0.45	
64	0.23	1.05	2.07	1.72	0.61	
66	0.24	1.16	2.39	2.09	0.78	
68	0.24	1.21	2.64	2.43	0.95	0.16
70	0.22	1.21	2.77	2.68	1.10	0.19
72	0.20	1.16	2.78	2.83	1.22	0.22
74	0.17	1.05	2.65	2.84	1.29	0.25
76		0.91	2.41	2.72	1.30	0.26
78		0.75	2.10	2.49	1.25	0.27
80		0.59	1.73	2.17	1.15	0.26
82		0.44	1.37	1.80	1.00	0.24
84		0.31	1.03	1.42	0.83	0.21
86		0.21	0.74	1.07	0.66	0.17
88			0.50	0.77	0.50	
90			0.33	0.53	0.36	
92			0.20	0.35	0.25	
94				0.22	0.16	

C体型身高与胸围覆盖率见表7-4-17。

表7-4-17

胸围/cm	身高 / cm					
	145	150	155	160	165	170
	比例 / %					
68		0.37	0.35			
72	0.38	0.87	0.96	0.51		
76	0.62	1.65	2.10	1.28	0.37	
80	0.81	2.49	3.67	2.58	0.87	
84	0.85	3.01	5.11	4.15	1.61	
88	0.71	2.90	5.67	5.32	2.38	0.51
92	0.47	2.23	5.03	5.44	2.81	0.69
96		1.37	3.56	4.44	2.65	0.75
100		0.67	2.01	2.89	1.99	0.65
104			0.91	1.51	1.19	0.45
108			0.33	0.63	0.57	

C体型身高与腰围覆盖率见表7-4-18。

表7-4-18

腰围/cm	身高 / cm					
	145	150	155	160	165	170
	比例 / %					
60		0.16	0.17			
62		0.24	0.27			
64		0.35	0.41	0.24		
66	0.19	0.49	0.61	0.37		
68	0.24	0.65	0.86	0.55	0.18	
70	0.29	0.82	1.15	0.79	0.26	
72	0.33	1.00	1.48	1.07	0.38	
74	0.37	1.17	1.91	1.38	0.52	
76	0.38	1.29	2.12	1.71	0.67	
78	0.38	1.36	2.37	2.01	0.84	0.17
80	0.37	1.38	2.52	2.27	1.00	0.22
82	0.34	1.33	2.57	2.44	1.14	0.26
84	0.29	1.22	2.50	2.51	1.23	0.30
86	0.24	1.07	2.32	2.46	1.28	0.33
88	0.19	0.90	2.06	2.30	1.27	0.34
90		0.72	1.74	2.06	1:19	0.34

续表

腰围/cm	身高 / cm					
	145	150	155	160	165	170
	比例 / %					
92		0.55	1.41	1.76	1.08	0.32
94		0.40	1.08	1.43	0.93	0.29
96		0.28	0.80	1.12	0.76	0.26
98		0.19	0.56	0.83	0.60	0.21
100			0.38	0.59	0.45	0.17
102			0.24	0.40	0.32	
104				0.26	0.22	
106				0.16		

三、中西部地区各体型的比例和服装号型覆盖率请参见国家标准（GB/TY 1335.2—2008）女子服装号型书。实际运用参照本节"二、东北、华北地区各体型的比例和服装号型覆盖率"。

四、长江下游地区各体型的比例和服装号型覆盖率请参见国家标准（GB/TY 1335.2—2008）女子服装号型书。实际运用参照本节"二、东北、华北地区各体型的比例和服装号型覆盖率"。

五、长江中游地区各体型的比例和服装号型覆盖率请参见国家标准（GB/TY 1335.2—2008）女子服装号型书。实际运用参照本节"二、东北、华北地区各体型的比例和服装号型覆盖率"。

六、广东、广西、福建地区各体型的比例和服装号型覆盖率请参见国家标准（GB/TY 1335.2—2008）女子服装号型书。实际运用参照本节"二、东北、华北地区各体型的比例和服装号型覆盖率"。

七、云、贵、川地区各体型的比例和服装号型覆盖率请参见国家标准（GB/TY 1335.2—2008）女子服装号型书。实际运用参照本节"二、东北、华北地区各体型的比例和服装号型覆盖率"。